媽媽親手作的 **34** 款可愛女孩兒全身穿搭

小女兒的設計師訂製服

⌂ Pattern Label 片貝夕起

CONTENTS

FRILLY COLOR BLOUSE

no.01
荷葉邊上衣

荷葉邊領的落肩式上衣。
拉出下襬的視覺效果也很棒，
有前短後長的設計，並加上側邊開衩。

how to make ▶▶▶ p.52

2
SHORT PANTS

no.02
短褲

基本款的短褲在商店中也很大受好評。
設計重點是大大的口袋，與看起來像反褶的下襬。
腰圍是鬆緊帶，因此也很容易製作。

how to make ▶▶▶ p.56

※ 與 P.8・22 的布料不同

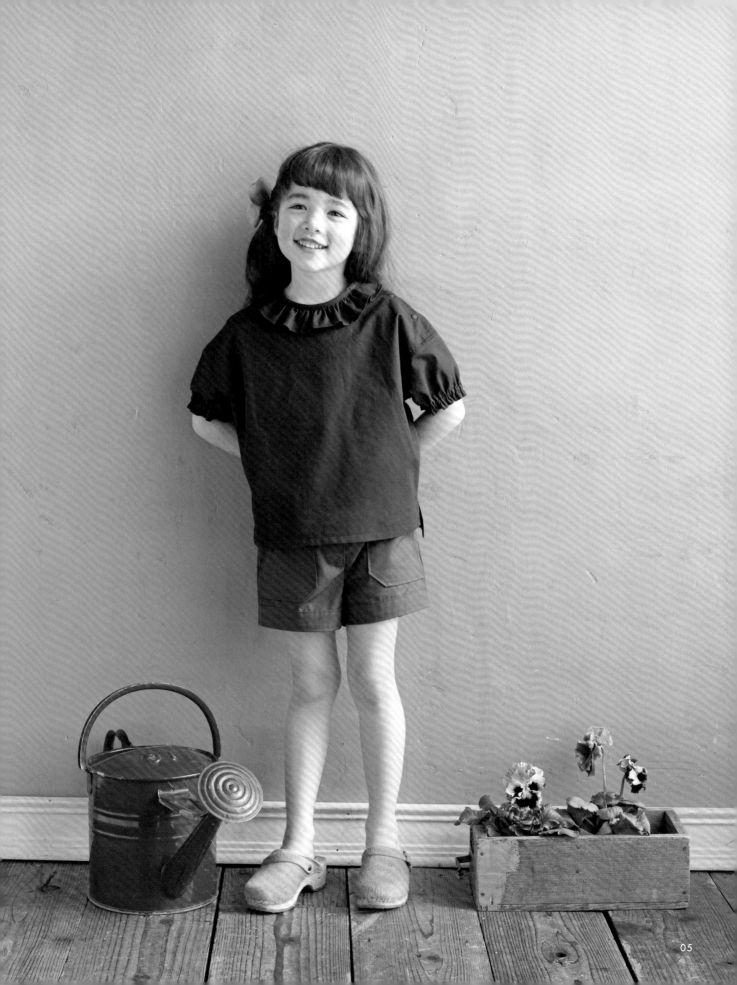

FRILLY DRESS OF LINEN

no.03
亞麻荷葉邊連身裙

像花瓣般的荷葉邊領子，是這款連身裙的特色。
是炎熱季節裡外出時的最佳選擇。
以沉著穩重色調的布料製成，更加突顯優雅的氣質。

how to make ▶▶▶ p.44・55

布料提供／リバティジャパン（細肩帶背心）・CHECK&STRIPE（帽子／短褲）

BALLOON CAP

no.04
報童帽

有著蓬鬆輪廓的女孩帽。
淺淺的帽簷,容易配戴且不會妨礙視線,是魅力之一。
將緞帶或胸針別在側面裝飾,會很可愛喔!

how to make ▶▶▶ p.58

※ 下半身所穿着的短褲與 p.4 的布料不同。

GATHERED CAMISOLE

no.05
細褶細肩帶背心

以鬆緊帶作出細褶,輕鬆就可以完成的細肩帶背心。
無需使用拷克機或進行 Z 字形車縫,
就可以使其既耐用又美觀。

how to make ▶▶▶ p.60

SMOCK DRESS

no.06
套頭式連身裙

連小小孩也能自己單獨穿脫的套頭式連身裙。
只要車縫直線就能輕鬆完成。
身上的圓形口袋的裝飾是一亮點。
請依據孩子的身形，調整領子開口的大小吧！

how to make ▶▶▶ p.68

PINTUCK DRESS

no.07
細針形褶襉連身裙

設計重點是細針形褶襉的休閒款連身裙。
口袋下方聚集的縐褶，使下襬輪廓自然散開，
背面也設計了細褶的細節，無論從哪個角度看都很可愛呢！
how to make ▶▶▶ p.62

SQUARE NECK DRESS

no.08
方領無袖連身裙

夏天只要穿這一件，冬天則可以多層次穿搭。
是一整年都可以持續穿著的連身裙。
背後三顆並排的鈕釦，
使得簡單的設計更加迷人。

how to make ▶▶▶ p.64

ACCESSORIES

no.09
a 蓬鬆的胸花
b,c 小花的髮飾與髮夾
d 小花環胸針

運用多餘的布料，就能作成小配件。
直接裁剪布料當成花瓣，
呈現出柔軟又可愛的作品。

how to make ▶▶▶ p.59・61

10
KNIT T-SHIRT

no.10
針織 T 恤

小孩子日常中最常穿的就是T恤了。
營造出清新修長的輪廓，由彈性針織布料來完成。
領圍也運用相同的材質製作。

how to make ▸▸▸ p.70

CROPPED PANTS

no.11
七分褲

使用鬆緊帶腰頭,穿起來活動自如的七分褲。
臀部口袋上的縐褶更增添了小女孩的甜美感。
前褲身也有一個利用剪接製成的口袋。
how to make ▶▶▶ p.72

PLEATED SKIRTS

no.12
百褶裙

基本款的百褶裙,依照選擇材質的不同,
可以很隨性,也可以很正式。
從臀圍線以上接縫剪接片,
布料重疊的打褶部分也顯得清爽服貼。
how to make ▶▶▶ p.74

13

CIRCLE COLLAR BLOUSE

no.13
圓領片上衣

基本款的上衣，加上可愛的大圓領。
很適合演奏會或訪談會等正式場合。
如果搭配同布的包釦，整體會更加優雅喔！
how to make ▸▸▸ p.76

14

CIRCULAR SKIRT

no.14
傘狀圓裙－春夏－

每次走動時，都會柔和飄逸地
伸展開來的圓形裙襬，令人感受到飛揚的少女情懷，
所以非常受女孩的歡迎喔！
利用脇邊的車縫線縫製口袋，方便隨身帶著手帕。
how to make ▸▸▸ p.78
※與 p.40 的布料不同。

布料提供／リバティジャパン（上衣）・CHECK&STRIPE（裙子／斜背包）

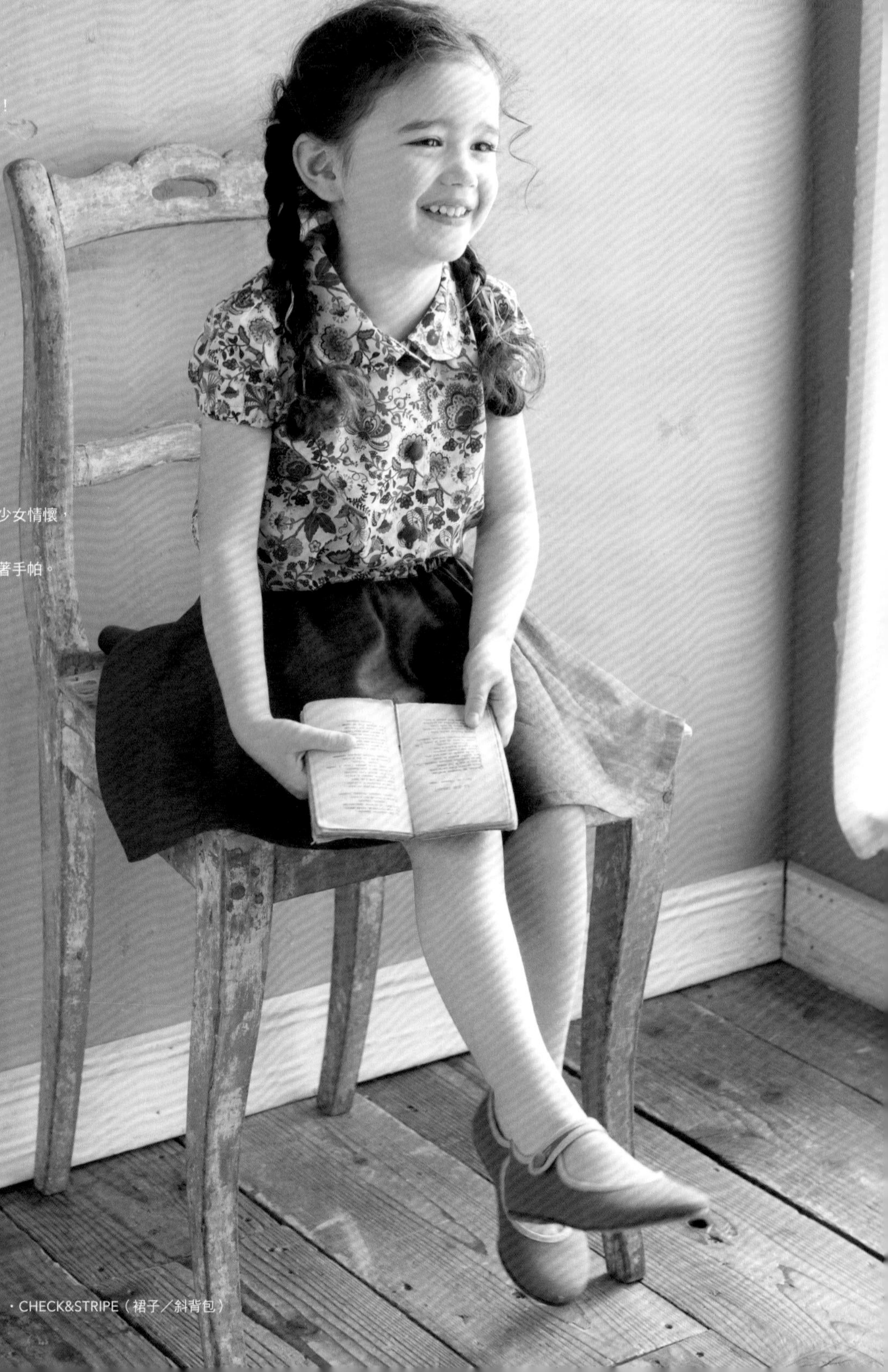

15

GATHERED POCHETTE

no.15
綯褶斜背包

出門時不可或缺,外形可愛的圓形綯褶斜背包。
為了使綯褶更加亮眼,建議使用素面材質。
內裡使用有花樣的布料,使用時更令人心情愉悅。

how to make ▶▶▶ p.69

SLEEVELESS DRESS

no.16

無袖花邊洋裝

設計了許多荷葉邊與縐褶，適合夏季出遊的正式洋裝。

輪廓不會寬闊，使其易於穿著，也是受歡迎的重點之一。

讓布邊完美收邊的縫紉技巧，也可以在這件款式上學到喔！

how to make ▶▶▶ p.80

RIBBON SMOCK

no.17
蝴蝶結罩衫

組合了綯褶與蝴蝶結的少女上衣，
不論是搭配短褲或長褲都非常適合。
當成有點時髦的日常穿著，也很受歡迎喔！

how to make ▶▶▶ p82

※ 下半身所穿著的短褲與 p.4 的布料不同。

布料提供／リバティジャパン（印花布）・CHECK&STRIPE（紫色亞麻）・fabric bird（米白色亞麻）

18

TUCK CAMISOLE

no.18
褶襉寬肩帶背心

可以任意搭配不同布料，享受製作背心的樂趣，
就算使用相同布料也會非常出色。
布邊全部隱藏的作法，讓衣服內側也漂亮俐落。

how to make ▶▶▶ p.84

GATHERED CULOTTES

no.19
抽褶褲裙

縐褶量多的褲裙，
對於活潑好動的小女生來說也很安心。
腰圍的鬆緊帶作法也非常簡單。

how to make ▶▶▶ p.86

20
ROUND COLOR DRESS

no.20
圓領片連身裙

帶有小圓領的日常連身裙。
袖子與衣身相連,因此製作上難度較低。
為了方便穿著,因此輪廓沒有太寬大。

how to make ▶▶▶ p.87

WESTMARK DRESS

no.21
縮腰小洋裝

這是一款強調不同的素材搭配,易於穿著的小洋裝。
即便是小小孩,也可以自己一個人穿脫,
因此推薦選用休閒感的布料製作,很適合當成便服穿去上學。

how to make ▶▶▶ p.66

　布料提供／メルシー（Liberty 印花布）

22

DAILY TUNIC

no.22
日常長版上衣

胸前接縫剪接片，
可搭配褲子和內搭褲的長版上衣。
圓形縐褶口袋也是設計亮點之一。

how to make ▶▶▶ p.90

23

HALF LEGGING

no.23
六分內搭褲

沒有側邊車縫線，顯得格外俐落的內搭褲。
股上作出前後差的區別，特別注重穿著的舒適性。
在季節交替時，非常實穿的長度。

how to make ▶▶▶ p.92

LONG LEGGING

no.24
全長內搭褲

在寒冷季節時，很方便穿搭的長版內搭褲。
下襬接縫褲口的樣式更便於伸展。

how to make ▶▶▶ p.92

布料提供／リバティジャパン（印花布）・CHECK&STRIPE（紫色亞麻）

25

FRILLY DRESS OF THREE-QUARTER SLEEVES

no.25
七分袖荷葉邊連身裙

領圍與袖口點綴了花瓣狀荷葉邊的七分袖連身裙。
運用少女風格的花卉圖案布料極具魅力，
即使選用素色布料，也會很好看的款式。

how to make ▶▶▶ p.94

26

ONE MILE BAG

no.26
輕便手提包

迷你手提包還附有內口袋。
具有內裡的硬挺包款，
媽媽也能拿來當成隨身輕便包喔！

how to make ▶▶▶ p.93

SHIRT DRESS

no.27
襯衫式連身裙

這款襯衫式連身裙，加上了縐褶門襟與縐褶袖子的設計。
將鈕釦釦上後可以當成連身裙穿，
打開後當成罩衫式的小外套也非常合適。

how to make ▶▶▶ p.95

ZIP HOOD PARKA

no.28
拉鍊式連帽外套

是P.36鈕釦式連帽外套的拉鍊版。
若是使用流行的針織布料來製作，
每天都很適合拿來穿搭呢！

how to make ▶▶▶ p.98

布料提供／CHECK&STRIPE（外套）・fabric bird（裙子）

BUTTON HOOD PARKA

no.29
鈕釦式連帽外套

是 P.34 拉鍊式連帽外套的鈕釦版。
為了可以穿久一點，將袖口設計得較長些，
剛開始可以將袖口布的部分摺起來穿。

how to make ▶▶▶ p.100

HIGHNECKED T-SHIRT

no.30
高領長袖衫

脖子不會太緊，
易於穿脫的高領長袖衫。
建議使用頭部容易穿過的彈性針織布料。

how to make ▶▶▶ p.70

SEMI-TIGHT SKIRT

no.31
合身短裙

簡單就能輕鬆完成，但卻又非常好穿搭的合身短裙。
即使在寒冷季節也能搭配內搭褲或褲襪。
於丹寧布上車縫裝飾線，效果很棒。

how to make ▶▶▶ p.102

32
PULLOVER DRESS

no.32
襯衫式長袖連身裙

落肩設計的套頭式連身裙。
具寬鬆分量的袖子與蓬鬆寬大的身片,是設計重點之一。
袖口加上鬆緊帶,易於穿著也方便製作。
how to make ▶▶▶ p.88

33

STAND COLLAR BLOUSE

no.33

立領上衣

這是一款優雅的荷葉邊立領上衣。
袖子上添加許多縐褶，突顯出可愛感。
肩開式的設計，小女孩自己穿脫也沒問題。

how to make ▶▶▶ p.54

34

CIRCULAR SKIRT

no.34

傘狀圓裙—秋冬—

寬口圓形裙襬的可愛風圓裙。
依照布料材質的不同，全年都可以穿著喔！

how to make ▶▶▶ p.78

※ 與 p.18 的布料有所不同。

舒適感&可愛感並存的設計

對於手作服的印象,可能是形狀很扁平、穿起來不舒服、感覺非常平凡?當你一眼瞥過本書的紙型,並不會發覺有所不同,但卻是對於「穿著的舒適感」下了不少功夫去製作的喔!
當然,「可愛感」也是少不了的。
我致力於創作出可以將兩者都完美融合的設計,花了不少心思。

p.38
襯衫式
長袖連身裙

看起來很蓬鬆,但又不至於太寬鬆,是纖纖合度的分量。袖口的鬆緊帶,讓衣袖可以輕鬆捲起。

後頸部的縐褶,不管從哪個角度看都好可愛。

p.20
無袖花邊洋裝

看起來很有分量的縐褶與荷葉邊設計,它的視覺效果不會太寬大,且易於穿著,配合得恰到好處。

p.04
荷葉邊上衣

這款寬鬆且落肩的上衣,穿著起來很舒適。肩膀上的開合式設計,讓小女孩自己一個人也能輕鬆穿脫。

p.04
短褲

強力推薦腰部為全鬆緊帶的短褲,非常容易穿脫。簡單的設計不論怎麼搭配都適合。

前後身片是相同的剪裁。依照挑戰的差異性,外觀也會有截然不同的效果。

arrange!

後背的剪接,為了方便活動,刻意避開肩胛骨的位置。

p.10
套頭式連身裙

領口是全鬆緊帶,對幼兒來說輕鬆穿脫也沒問題。因為是連袖的設計,製作也非常簡單!

為了確保可以打一個漂亮的蝴蝶結,後身片的中心線為斜向設計,這個設計確保了打蝴蝶結的空間。

p.22
蝴蝶結罩衫

前後接縫剪接片,並抓出縐褶,易於穿脫,外形也極為可愛。

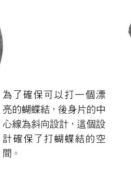

p.28
縮腰小洋裝

腰部束口的設計,立即變身正式小洋裝。製作成長袖,任何季節都能穿上它。

升級為高級手工訂製服

越高級的衣服，內裡的處理就越講究。

處理內裡的縫份乍看很複雜，但實際上只需要加一點小努力，就可以處理得很漂亮。

而且，即便是初學者也可以作到的。

如果將這些技巧記起來，你的手作服就會升級為高級手工訂製服喔！

於內側以斜紋布條處理

使用於無袖上衣與背心上衣的布邊處理。
只於內側可以看見斜紋布條的製作方法，外側只會看見車縫線。穿著時，從袖口可以稍微看見裡面的部分，因此若是能搭配使用印花布料，也將成為一個設計亮點。
＊有關如何縫製，請參考
p.46・85

三捲邊車縫

運用於荷葉邊的布邊處理。將布的邊緣捲成1至2mm的細三摺邊來車縫的方法。第一次摺疊時車縫一次固定，三摺邊再車縫一次，就可以獲得整齊漂亮的效果。若家中有捲邊壓布腳，則可以於三摺邊的同時，一次就車縫完成，更加輕鬆簡單。
＊有關如何縫製，請參考
p.46・81 頁

袋縫

與包邊縫相似，是一種隱藏衣服縫份的縫製方法。首先，布料背面相對疊合車縫，摺回至正面相對，再次車縫。單純地只車縫了兩次而已，非常簡單。請注意，如果布料較厚，縫份重疊會變得更厚，導致難以車縫。所以此技巧，請用於車縫薄布料。
＊有關如何縫製，請參考
p.63・66

包邊縫

肩線與脇邊線的縫份，雖然可以車縫Z字縫來當成拷克處理毛邊。但是，使用「包邊縫」的技巧，可以將縫份全部隱藏起來，顯得更整齊俐落。即使放入洗衣機洗滌也不會鬚邊，衣服就能增長使用時間了！縫製方法很簡單，剪掉其中一片縫份，以另一邊的縫份包著短的這邊，從上方再進行一次車縫即可。
＊有關如何縫製，請參考
p.45・60・85

雙邊摺縫

這是用於縫份無法倒向單邊時所使用的縫份處理方法。縫份稍微寬一點，將兩片布料車縫在一起，燙開縫份後，將縫份向裡側摺疊隱藏，並於褶線處車縫。從正面可以看見車縫線，也可當成一個設計重點，更顯可愛。
＊有關如何縫製，請參考 p.68

使用搭配的布料遮蓋縫份成亮點

看不見的部分使用可愛的印花圖案有點奢華感。因為是手工製作，所以更想享受這種奢華。只需要搭配一小部分，因此可以使用多餘的零碼布。孩子們穿上這衣服時，應該也會很開心！

姓名標籤

手工服裝沒有品牌標籤，使用可以寫上姓名的標籤就很方便。
在Pattern Label的網路商店裡，則是推出了一款可以在背面寫上尺寸的標籤。

一起作亞麻荷葉邊連身裙吧！ … 作品情境照於 p.06

帶有荷葉邊的連身裙，是可以在很短時間內完成的一件作品。
將貼邊翻至外面當成荷葉邊的簡單方法，因此即便是初學者也沒問題。
運用包邊縫、三捲邊縫等技法，可以漂亮的處理好縫份。

※有關材料，裁布圖與縫紉順序，請參考p.55。
※本書的作品使用含有縫份的紙型，不於布料上畫記號，而是對齊縫紉機針板的基準線進行縫製，
因此完成後不用再去除筆跡（請參考p.51）。
若你是縫紉的初學者，或還不熟悉縫製，最好還是使用布用轉印紙將記號標注好。

淺青綠亞麻＝ fabric bird

開始縫製前

1 準備紙型

❶先描繪出附錄的原寸紙型，再作出加上縫份的裁布紙型（關於如何加上縫份的方法，請參考p.50）。所有部位有無備齊，請再次與裁布圖進行比對確認，確保擁有所有完整的部位。

2 進行裁剪

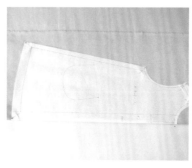

❶參考p.55的裁布圖，將紙型放置於布料上。從最大片的紙型開始放置，再以珠針將紙型固定。

❷沿著紙型進行裁布。沿著剪刀前進的方向移動身體，進行裁剪（布料請不要移動）。

3 作記號

❶因應下襬與脇邊的縫份寬度剪牙口（0.3mm的切口）。最好使用布剪銳利的尖端裁剪，以免剪得太深。

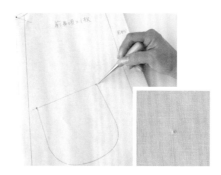

❷在口袋縫合位置的口袋口位置處，以錐子打一個小孔。布料上穿過一個小孔，即使從背面也可以清楚看到標記。

❸以骨筆從紙型上，沿著口袋的曲線弧度作記號。其餘的合印記號，以錐子或消失筆預先標注好記號。

1 製作口袋・接縫前身片

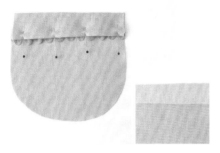

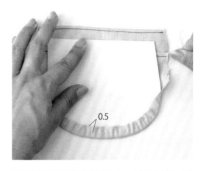

❶口袋口的背面貼上黏著襯。摺疊後以熨斗熨燙，中間夾上裝飾的水兵帶。

❷口袋口的上下端，距離0.3cm處，車縫裝飾線。

❸底部圓弧的縫份距離0.5cm的位置縫一段縮縫（細針目車縫）。剪一片口袋形狀的厚紙板放在裡側，拉縮車縫的線，以熨斗整燙出形狀。

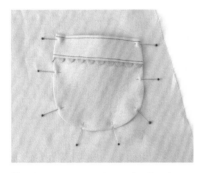

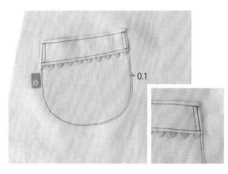

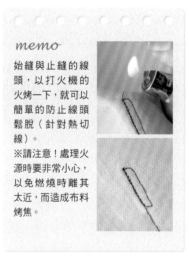

❹對齊前身片的縫合位置記號，將口袋以珠針固定。口袋口部分，預留手容易放進去的空間，要略有一點點鼓起來。

❺口袋周圍距離0.1cm進行落針縫（距布料邊緣約0.1至0.3cm位置所進行的車縫。本作品的落針縫為0.1cm）縫合固定。口袋口的角落，車縫出寬度為0.5cm的四角形。在口袋的側面加上一個小標籤，以突顯完整度。

memo

始縫與止縫的線頭，以打火機的火烤一下，就可以簡單的防止線頭鬆脫（針對熱切線）。
※請注意！處理火源時要非常小心，以免燃燒時離其太近，而造成布料烤焦。

2 車縫肩線 包邊縫

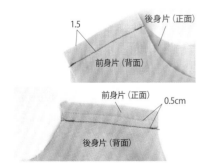

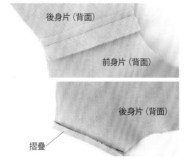

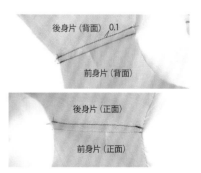

❶前身片與後身片正面相對疊合，以珠針固定，縫份預留1.5cm後車縫。後身片的縫份預留0.5cm後其餘剪掉。

❷以熨斗燙開縫份，將前身片的縫份對摺後，把後身片的縫份包捲起來。

❸包捲後的縫份往後身片倒，摺線部分0.1cm處，進行車縫壓線。

3 處理袖襱 於背面以斜紋布條處理

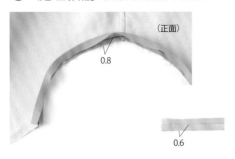

(正面)
0.8
0.6

❶將斜紋布條的端部摺疊0.6cm，身片與斜紋布條正面相對，沿著袖襱（袖圈）對齊，用一點點拉扯的感覺，將其以珠針固定。距布料邊緣0.8cm處進行車縫。

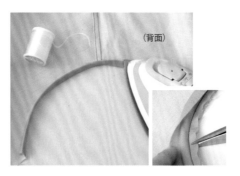

(背面)

❷在圓弧部分的縫份上剪牙口。將斜紋布條翻至正面，從車縫線處開始摺疊，以熨斗整燙後進行疏縫。若以雙面膠襯代替疏縫，則可以節省時間，並使表面美觀漂亮。

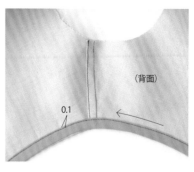

(背面)
0.1

❸背面以斜紋布條處理，完成後為寬度1cm。將身片的縫份包捲後，於斜紋布條的邊端0.1cm處，進行車縫壓線。

4 製作荷葉邊領子

肩線
(背面)

❶將前荷葉邊領與後荷葉邊領正面相對疊合，並將肩線以包邊縫的方式車縫固定。前荷葉邊領的縫份剪掉後，將後荷葉邊領的縫份包捲起來，向前側倒並進行車縫（倒向與身片相反的方向）。 ※將縫份錯開處理，使身片與肩線的縫份不會重疊在一起。

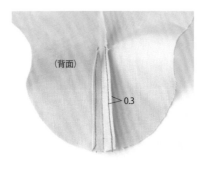

(背面)
0.3

❷前荷葉邊領正面相對疊合縫合前中心，並以熨斗將縫份燙開。縫份邊端分別各摺一半，距離縫份褶線處0.3cm進行車縫。

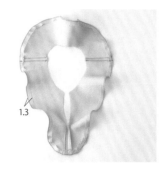

1.3

❸以熨斗將荷葉邊領向背面熨燙出寬1.3cm的縫份痕跡。從距離褶線處0.2cm進行車縫一圈。

(背面)

❹沿著車縫線的邊端，將多餘縫份剪掉。

(背面)

❺沿著剪掉的布邊，將荷葉邊領的邊端一邊摺回來，一邊進行車縫，重疊於原本❸的車縫線上進行車縫。

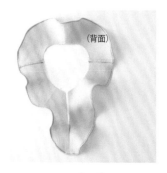

(背面)

❻將荷葉邊領的邊端以❸至❺的要領進行三捲邊車縫，完成一圈荷葉邊領。

5 製作釦子的布環

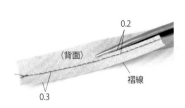

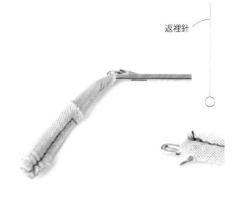

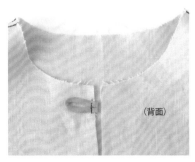

❶以斜布紋裁剪的前開口布環，於背面貼上黏著襯。正面相對，距離褶線0.3cm處進行車縫，預留0.2cm的縫份，其餘剪掉。

❷將布環返回到正面（請參考p.55）。翻轉細布環時，使用市售的返裡針很方便。將返裡針放入布環內，鉤住布端，將其拉出翻至表面。

❸將布環對摺作出一個圓弧狀，以熨斗整燙完成。放置於前身片的布環縫合位置，將縫份部分進行車縫固定。

6 縫合固定荷葉邊領

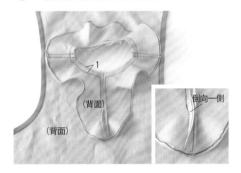

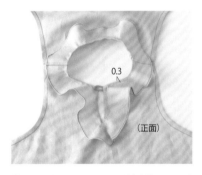

❶身片的背面與荷葉邊領正面相對，以珠針固定，縫合領圍與前中心。荷葉邊領的前中心縫份倒向一側，從前中心開始車縫至領圍，再至相反側的前中心為止。

❷沿著車縫線摺疊，將縫份倒向荷葉邊領側，以熨斗熨燙。領圍圓弧部分的縫份剪牙口。

❸將荷葉邊領翻回正面，以熨斗整燙。以疏縫線固定後，將領圍以0.3cm的寬度車縫一圈。

7 車縫脇邊

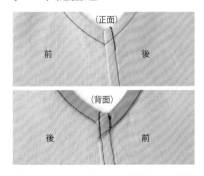

將前身片與後身片正面相對疊合，車縫脇邊。與肩線相同作法，以包邊縫的方式車縫。

8 車縫下襬

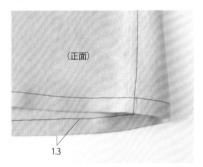

縫份摺疊3cm，將布料的邊緣與摺疊線對齊，再次摺疊，摺成三摺邊。從下襬車縫1.3cm。如果事先以熨斗熨燙（請參考p.51），則工作將更有效率進行。

9 完成

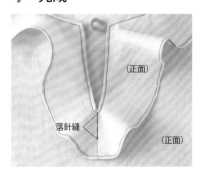

荷葉領的前中心進行3cm落針縫。右前身片縫合鈕釦。　※落針縫，是將針落入縫隙之間，使車縫線較不明顯的縫製方法。

針織布縫紉的訣竅

雖說有彈性的針織布料最好是使用拷克機縫製。
但使用家用縫紉機時，也可以透過使用「彈性線」與「針織布專用車針」來進行縫製。
即使是初學者，也可以使用低張力（不容易拉伸）的織物，如雙面針織布、刷毛布和天竺棉等。
車縫布料時，將縫紉機的針目設定得比平時更細（每針約0.2cm），
並在前後拉動布料的同時進行縫製。

處理布邊

❶車縫0.2cm的Z字縫當成拷克功能。

❷布料拉伸形成波浪狀的部分，以熨斗的蒸氣輕輕熨燙撫平。

❸漂亮的恢復到其原始狀態。請小心注意不要使織物呈現拉伸的狀態。

縫合不同長度的部位時

羅紋布

❶袖口與下襬接縫的羅紋布，例如T恤的領口布等，都比身片短。

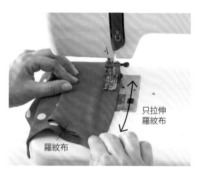

只拉伸羅紋布

羅紋布

❷將兩片布料正面相對，對齊合印記號，一邊拉伸羅紋布一邊車縫。※若是已經車縫呈管狀時，在縫合時也只拉伸羅紋布側（短的部位）。最後將羅紋布放置於上方會比較好車縫。

❸完成車縫。布料的波浪形邊緣，在洗滌後，布料的接縫與質地會變得平順。

memo

為防止斷線，建議使用雙針拷克機縫製（圖片為雙針4線）。在縫紉的開始與結束時，都先空車一段，留下線頭（空環）並完成縫紉。

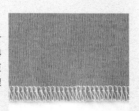

❶將多餘的線頭穿過手縫針，並將其藏於縫線之間。

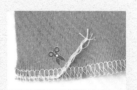

❷拔出手縫針並剪掉多出的線頭。

縫紉的基礎知識

✧ 作法圖中的數字以cm為單位。

✧ 本書的紙型不含縫份。請參考裁布圖加上縫份。

✧ 裁布圖皆為尺寸100的配置，其他的尺寸可能需要調整。

✧ 布料比例尺用於不用對齊花色圖案的範例。如果要對齊圖案，請多準備10至20%布料。

✧ 材料上標明的鬆緊帶尺寸，包含1至1.5cm的重疊縫份量。

　 尺寸為參考的建議用量，請依照孩子的身形進行調整。

✧ 成品尺寸的長度是從後中心的領口到下襬的長度，褲子的總長度為前身長，裙子的長度為後身長（包括腰帶部分）。

step 1　選擇尺寸

本書附贈90至140cm尺寸的服裝紙型。
每種尺寸的紙型都是依照以下標準體形（裸體尺寸）為基準製成的。
基本上，請依身高、胸圍、臀圍選擇尺寸，並依孩子的身形調整袖長與衣長。

尺寸	年齡	身高	胸圍	腰圍	臀圍	肩寬	背長	袖長	股上	股下	頭圍	體重
90	2～3歲	85～95	50	48	54	24	23	29	19	35	50	14
100	3～4歲	95～105	53	51	56	27	27	33	20	40	50	16.8
110	5～6歲	105～115	58	53	62	29	29	38	21	44	52	20.3
120	7～8歲	115～125	63	56	66	31	32	40	22	53	53	24.8
130	9～10歲	125～135	67	58	72	34	34	43	23	58	54	30.6
140	11～12歲	135～145	72	58	75	36	36	46	24	60	54	37.2

※模特兒Clara（p.4．10．26．28．38．40）身高109cm，穿着110cm尺寸。
Nona（其餘頁面）身高102cm，穿著100cm尺寸。

step 2　選擇布料

如果選用與本書相似的布料製作第一件作品，那麼將大寬減少失敗的機率。
剛開始建議使用素面的平整而緊密的布料，而不要選用有花色的布料。
一旦習慣製作，可以嘗試格紋或有花色的布料，也可以依季節變化與使用場合不同，挑戰變換布料的樂趣。

關於過水處理

泡水後會縮水的棉麻等布料，可通過提前過水預先收縮，較能減少成品完成後的變形情況。簡單的過水處理：將布料放入洗衣袋裡，不必加入洗衣精，直接以洗衣機清洗，或是泡在水裡一晚再輕微脫水。將形狀稍微整理一下，陰乾至半乾即可，布紋以垂直方向一邊整理一邊熨燙。

如何選擇車縫線與車縫針

請參考下表，使用適合布料的車縫線與車縫針。
車縫線的號碼越大越細，車縫針則是相反的，號碼越大越粗。
縫製針織布料時，可以使用彈性線等針織專用線，還有帶有圓頭的針織專用針等進行車縫較安心。
如果沒有，可以用普通的新車縫針，以較細針目縫製即可。

布料的種類	車縫線	車縫針
薄布料（尼龍・薄平織物）	90 號	7・9 號
普通布料（亞麻・襯衫布）	60 號	9・11 號
厚布料（丹寧布・羊毛）	30 號	11・14 號
針織布料（刷毛布・天竺棉）	針織布專用線（彈性線）	針織布專用針 9・11 號

※此表格介紹的是家用縫紉機使用的車縫線。

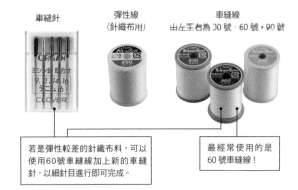

車縫針

彈性線
（針織布用）

車縫線
由左至右為 30 號、60 號、90 號

若是彈性較差的針織布料，可以使用 60 號車縫線加上新的車縫針，以細針目進行即可完成。

最經常使用的是 60 號車縫線！

製作含有縫份的紙型

本書附錄的原寸紙型，是以複數的線條重疊印刷而成，因此建議事先用螢光筆將會用到的部分標記清楚。
可以使用較透光的白報紙以文鎮壓住，以尺與鉛筆進行描繪。

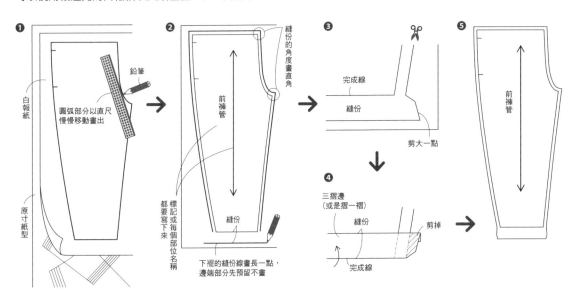

❶ 鉛筆
白報紙
圓弧部分以直尺慢慢移動畫出
原寸紙型

❷ 縫份的角度畫直角
前褲管
標記或每個部位名稱都要寫下來
縫份
下襬的縫份線畫長一點，邊端部分先預留不畫

❸ 完成線
縫份
剪大一點

❹ 三摺邊（或是摺一褶）
縫份
完成線
剪掉

❺ 前褲管

❶將原寸紙型的線條描繪至白報紙上。
❷參考裁布圖，並依照裁布圖的指示，以平行的方式加上縫份（使用透明布用方格尺來畫縫份，會很方便）。
❸裁剪加上縫份的白報紙。若是下襬必須進行三摺邊（或是摺一褶）時，角落縫份部分的紙型先預留多一點，其餘剪掉。
❹下襬的縫份先進行三摺邊（或是摺一褶）至完成線，再以剪刀剪掉突出的多餘部分。
❺包含縫份的紙型裁剪完成。

進行裁剪並標注記號

參考裁布圖，放置紙型於布料上，確保所有部位都能放進去後，將紙型與布料以珠針固定，進行裁剪。
裁剪後拿下紙型前，不要忘記標注記號！

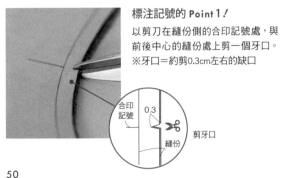

標注記號的 Point 1！
以剪刀在縫份側的合印記號處，與前後中心的縫份處上剪一個牙口。
※牙口＝約剪 0.3cm 左右的缺口

合印記號
0.3
剪牙口
縫份

標注記號的 Point 2！
口袋口的角落位置或是車縫止點的位置等，紙型上都有標注。在標注●記號上以錐子打一個點狀的孔。如果要描繪內側的曲線時，請使用布用複寫紙。

step 6 縫製前的準備

❶先貼上必須貼黏著襯的部分

欲將黏著襯貼在紙型的部位上時,粗略地剪一塊比紙型稍大的布料(粗裁),再貼上黏著襯。完成貼襯後,再次放置紙型於布料上,沿著紙型剪下正確部位。如果使用描圖紙當成熨燙墊紙,下面的布料可以透過紙張清晰可見,從而使操作更加容易。貼黏著襯時,先以碎布貼上黏著襯試看看效果,再正式貼至布料上。若黏著襯是屬於止伸襯布條(牽條),也是同樣以熨斗熨燙貼上。

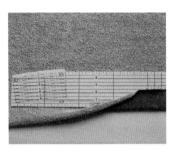

A

紙型 → 黏著面 黏著襯 布料(背面) 與黏著襯正面對齊

粗略剪下比紙型稍大的布料

墊紙(描圖紙)

以體重的重量一邊移動熨斗一邊用力壓燙

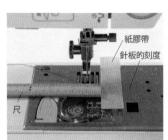

B

止伸襯布條 布料(背面)

將縫份的布端對齊襯條的邊端貼合

❷熨燙縫份也事先完成

下襬與袖口的三摺邊等,在縫製前還是平面時,預先以熨斗熨燙處理好,以簡化後續的步驟。建議使用縫份燙尺。

❸確認縫紉機上針板的刻度!

不用在布料上畫完成線,而是利用縫紉機上針板的刻度。如果將縫製的布料邊緣對齊刻度,則可以縫製一定寬度的縫份。如果針板上沒有刻度或是難以理解時,請用尺測量與車針的距離,量出所需的縫份寬後以紙膠帶作標記。

紙膠帶
針板的刻度
尺

作者的重點教學

開釦眼

厚度
直徑

★=鈕釦的直徑+鈕釦的厚度(0.2cm左右)

釦眼的內徑設定成★cm

Point
開釦眼前,請務必以碎布試車看看!連續2次重疊車縫,開出來的釦眼更紮實漂亮。

Point
釦眼的洞口剪開之前,請事先塗上「布用防鬚邊液」再剪開,如此作出的釦眼不會鬚邊,效果更美觀。

摺疊褶子

從圖示斜線的高處向低處的方向摺疊。例如右圖,將A'線覆蓋在A線上。

A' A A'   A A'

A   A

A' A'   A'

Point
描繪紙型時,褶子的斜線也別忘記描繪下來!

抽拉細褶(抽縐)

在縫份範圍內以粗針目(0.4 / 1針)車縫兩條欲抽縐褶的平行車縫線

約0.4
約0.2
上線
布料(正面)
完成線

← 將布料集中

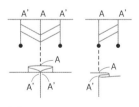

布料(正面)

Point
此時,將兩條上線一起拉緊。

Point
縫合時,將縐褶這一面向上,以錐子的尖端一邊將褶子的距離調整平均,一邊車縫。

縫合

no.01 荷葉邊上衣

p.04／原寸紙型 F 面

【材料】（※尺寸從左至右為 90／100／110／120／130／140 尺寸）
表布（海軍藍棉麻布料）105cm 寬…105／110／115／120／125／130cm
寬 6mm 鬆緊帶…18／19／20／21／22／23cm 2條
13mm塑膠四合釦…3組

【縫製重點】
此款設計為單邊肩膀開放式，因此請注意接縫時，不要將左右混淆了。由於荷葉邊的設計很顯眼，因此對轉角處的處理也要很重視。對斜布條的處理，也是進行了疏縫後才細心縫製完成的。脇邊有一個側面開衩，袖口裡穿入鬆緊帶。

【縫製順序】
❶如圖所示，裁剪身片的右肩。
❷將左肩三摺邊，並縫合右肩。
❸製作荷葉邊領子。
❹集中荷葉邊領子的縐褶並縫合於身片，將領口進行滾邊處理。
❺將左肩重疊，並將袖子縫合於身片。
❻從袖下車縫至脇邊。
❼將開衩與下襬三摺邊後進行車縫壓線。
❽將袖口三摺邊後進行車縫壓線，並穿過鬆緊帶。
❾於左肩裝上塑膠四合釦，完成。

尺寸	90	100	110	120	130	140
胸圍	81.4	85.4	89.4	93.4	97.4	101.4
衣長	36.8	39.8	42.8	45.8	48.8	51.8
袖長	9	10	11	12	13	14

縫製順序

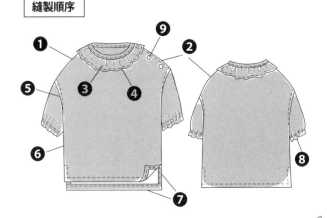

裁布圖

※將紙型放置於布料的表面，並進行裁剪。
※除指定處之外，其他縫份皆為1cm。
※尺寸從上至下為90／100／110／120
　130／140尺寸。

〈表布〉

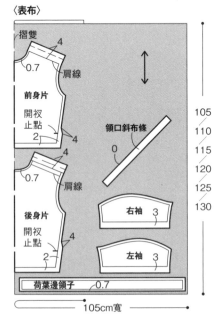

❶如圖所示，裁剪身片的右肩

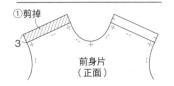

❷左肩進行三摺邊，並縫合右肩

❸製作荷葉邊領子

❹縫合荷葉邊領子，並處理領口的縫份

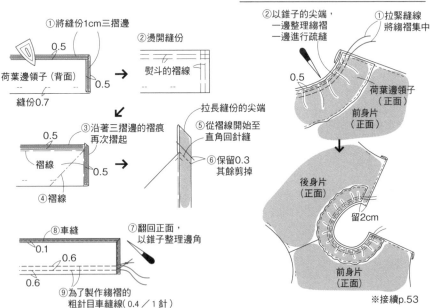

※接續p.53

接續❹

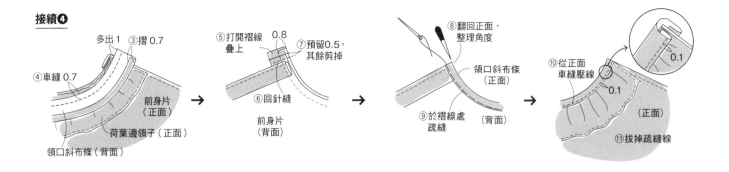

多出 1　③摺 0.7
④車縫 0.7
前身片（正面）
荷葉邊領子（正面）
領口斜布條（背面）

⑤打開褶線疊上　0.8
⑦預留 0.5，其餘剪掉
⑥回針縫
前身片（背面）

⑧翻回正面，整理角度
領口斜布條（正面）
⑨於褶線處疏縫
（背面）

⑩從正面車縫壓線　0.1
0.1
（正面）
⑪拔掉疏縫線

❺將左肩重疊，並將袖子縫合於身片

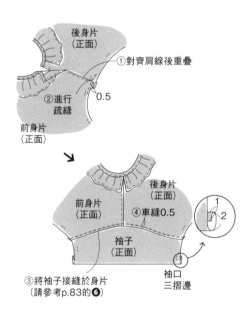

後身片（正面）
①對齊肩線後重疊
②進行疏縫　0.5
前身片（正面）

前身片（正面）
後身片（正面）
④車縫 0.5
1　2
袖子（正面）
袖口三摺邊
③將袖子接縫於身片（請參考 p.83 的❻）

❻從袖下車縫至脇邊

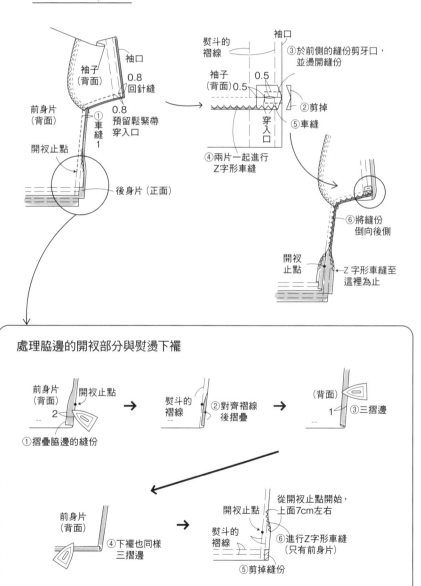

袖子（背面）
前身片（背面）
袖口
0.8
回針縫
0.8
①車縫 1
預留鬆緊帶穿入口
開衩止點
後身片（正面）

熨斗的褶線
袖口
③於前側的縫份剪牙口，並燙開縫份
袖子（背面）　0.5
②剪掉
穿入口
⑤車縫
④兩片一起進行Z字形車縫
⑥將縫份倒向後側
開衩止點
Z字形車縫至這裡為止

處理脇邊的開衩部分與熨燙下襬

前身片（背面）　開衩止點
2
①摺疊脇邊的縫份

熨斗的褶線
②對齊褶線後摺疊

（背面）
1
③三摺邊

前身片（背面）
④下襬也同樣三摺邊

開衩止點
熨斗的褶線
從開衩止點開始，上面 7cm 左右
⑥進行Z字形車縫（只有前身片）
⑤剪掉縫份

⑦後身片也同樣摺疊縫份，剪掉多餘部分

❼處理開衩與下襬

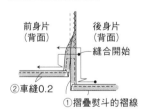

前身片（背面）
後身片（背面）
縫合開始
②車縫 0.2
①摺疊熨斗的褶線

❽處理袖口

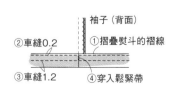

袖子（背面）
①摺疊熨斗的褶線
②車縫 0.2
③車縫 1.2
④穿入鬆緊帶

33 no.33 立領上衣

p.40／原寸紙型 F 面

【材料】（※尺寸從左至右為 90 ／ 100 ／ 110 ／ 120 ／ 130 ／ 140 尺寸）
表布（紫色薄燈芯絨）105cm 寬…105 ／ 110 ／ 115 ／ 120 ／ 125 ／ 130cm
寬 6mm 鬆緊帶…13 ／ 14 ／ 15 ／ 16 ／ 17 ／ 18cm2 條
13mm 塑膠四合釦…3 組

尺寸	90	100	110	120	130	140
胸圍	81.4	85.4	89.4	93.4	97.4	101.4
衣長	36.8	39.8	42.8	45.8	48.8	51.8
袖長	25.7	29.7	33.7	37.7	41.7	45.7

【縫製重點】
此款設計為單邊肩膀開放式，因此請注意接縫時，不要左右混淆了。
由於荷葉邊的設計很顯眼，因此我們對轉角處的處理也非常重視。
脇邊有一個側面開衩，袖口裡穿入鬆緊帶。

【縫製順序】
❶剪掉身片的右肩（請參考 p.52 的❶）。
❷左肩三摺邊，縫合右肩（請參考 P.52 的❷）。
❸製作荷葉邊領子（請參考 p.52 的❸）。

❹製作荷葉邊領子的縐褶，並縫合於身片，將領口以斜布條進行處理。
❺將左肩重疊，並將袖子縫合於身片（請參考 P.53 的❺）。
❻從袖下縫至脇邊（請參考 P.53 的❻）。
❼開衩與下襬進行三摺邊車縫（請參考 P.53 的❼）。
❽袖口三摺邊車縫，並穿入鬆緊帶（請參考 P.53 的❽）。
❾於左肩裝上塑膠四合釦，完成。

縫製順序

裁布圖

※將紙型放置於布料的表面，並進行裁剪。
※除指定處之外，其他縫份皆為1cm。
※尺寸從上至下為９0 ／ 100 ／ 110 ／ 120 ／
130 ／ 140 尺寸。

〈表布〉

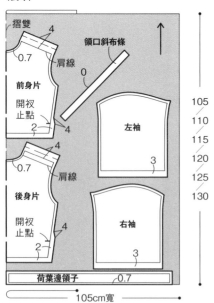

❹縫合荷葉邊領子，並處理領圍的縫份

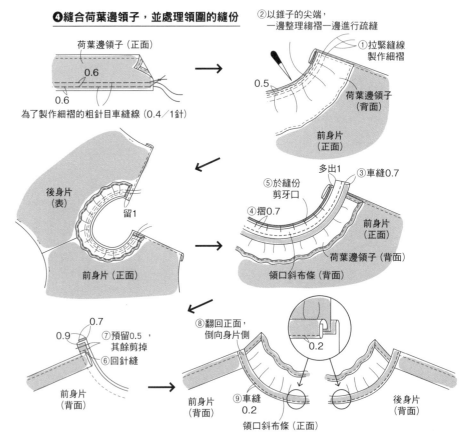

no.03 亞麻荷葉邊連身裙

p.06／原寸紙型 A 面

【材料】（※尺寸從左至右為 90／100／110／120／130／140 尺寸）
表布（淺綠色亞麻布料）110cm 寬…90／95／100／105／110／140cm
配布（印花圖案）…40×40cm
黏著襯（用於前口袋口的縫份‧口袋口的襯布）20×10cm
直徑 12mm 的鈕釦…1 個
寬 15mm 水兵帶…90 至 130 為 30cm，140 為 32cm

尺寸	90	100	110	120	130	140
胸圍	64.7	68.7	72.7	76.7	80.7	84.7
衣長	50.8	55.8	60.8	65.8	70.8	75.8
袖長	25.3	28.3	31.3	34.3	37.3	40.3

【縫製重點】
為了使荷葉邊領子的內側從外面看起來也很漂亮，運用包邊縫與三捲邊車縫
的技巧來處理。與身片縫合之際，為了不要讓縫合處看起來太厚重，請注意
肩線縫份的倒向。

【縫製順序】
※ 關於如何縫製，請參考 p.44 至 47 的教學頁面。
❶製作口袋，並縫合固定於前身片。摺疊口袋的褶子，將水兵帶夾於口袋，
　進行車縫壓線。
※ 口袋口經常會受力，因此若布料太薄，請於口袋口的背面貼黏著襯，並加
　一塊襯布一起車縫（請參考 p.96 的❷）。
❷身片的肩線以包邊縫的方式縫製。
❸袖口以袖襱斜布條處理（於背面以斜布條處理）。
❹製作荷葉邊領子。
❺製作前領開口的鈕釦布環。
❻將布環夾入，將荷葉邊領子連接縫合至身片上。
❼身片的脇線以包邊縫的方式縫製。
❽下襬進行三摺邊車縫。
❾荷葉邊領子的前中心進行落針縫後，縫上鈕釦即完成。

裁布圖
※將紙型放置於布料的表面，
　並進行裁剪。
※除指定處之外，其他縫份皆為1cm。
※尺寸從上至下為90／100／110／
　120／130／140 尺寸。
※圖示紅色點點的部分為貼襯部分
　（請參考P.51）。

縫製順序

〈表布〉
110cm寬
摺雙
1.5
後荷葉邊領子
1.3
黏著襯
3
1.3
1.5
前荷葉邊領子
0.5
1.5
前口袋
摺雙

90 95 100 105 110 140
後身片
3
1.5 1.5
0.8 0.8
1.5 1.5
1.5 1.5
0.8 0.8
1.5 1.5
110cm寬

前身片
1.5 1.5
0.8 0.8
0.5
1.5
3

〈配布〉
前領開口的布環布
0
0
袖襱斜布條
40
40cm

布環的製作方法

用於固定鈕釦或穿過腰帶等使用的布環，是裁剪斜
布條車縫成細圓柱體後，再將其翻回正面製作而
成。在 p.47 的教學中，使用市售的返裡針將布料翻
轉過來。本處將介紹如何不使用返裡針的方式來完
成操作。

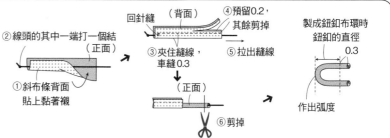

②線頭的其中一端打一個結
（正面）
①斜布條背面
貼上黏著襯

回針縫　（背面）
④預留0.2，
其餘剪掉
③夾住縫線，
車縫0.3
⑤拉出縫線
（正面）
⑥剪掉

製成鈕釦布環時
鈕釦的直徑
0.3
作出弧度

22 no.02 短褲

p.04／原寸紙型 A 面

【材料】（※ 尺寸從左至右為 90／100／110／120／130／140 尺寸）
表布（炭灰色的純棉巾料）110cm 寬…70／70／70／70／70／70cm
直徑 20mm 的鈕釦…1 個
寬 15mm 鬆緊帶（柔軟型）…42.5／44／46／48／50／52cm

尺寸	90	100	110	120	130	140
腰圍	57.1	61.1	65.1	70.1	75.1	80.1
股上（CF）	17.7	18.7	19.7	20.7	21.7	22.7
股下	5	5	5	5	5	5

【縫製重點】
門袋與雙下襬的簡單樣式，使用縫紉機車縫起來很容易。看似專業的前開口，其實只是裝飾，因此非常易於縫製。腰圍部分連接著本體，因此可以在短時間內完成。

【縫製順序】
❶將口袋車縫於前褲管上。
❷將口袋車縫於後褲管上。
❸將後腰圍剪接布與後褲管縫合在一起。
❹縫合前‧後褲管的脇邊。
❺於前‧後褲管上車縫下襬剪接布。
❻縫合股下。
❼縫合股上，製作假前開式部分。
❽腰圍部分進行三摺邊車縫，並穿入鬆緊帶。
❾將前腰圍的裝飾鈕釦縫上，注意不要縫到鬆緊帶，即完成。

縫製順序

裁布圖

※將紙型放置於布料的表面，並進行裁剪。
※除指定處之外，其他縫份皆為1cm。
※尺寸從上至下為90／100／110／120／
　130／140 尺寸。

〈表布〉

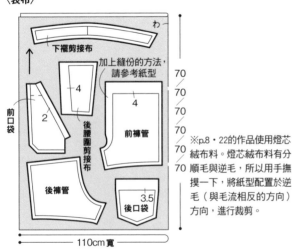

※p.8‧22的作品使用燈芯絨布料。燈芯絨布料有分順毛與逆毛，所以用手撫摸一下，將紙型配置於逆毛（與毛流相反的方向）方向，進行裁剪。

❶將口袋車縫於前褲管上

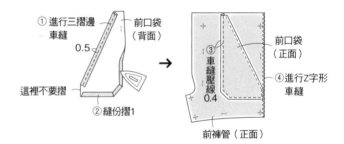

❷將口袋車縫於後褲管上

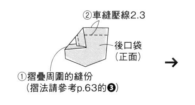
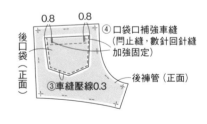

❸將後腰圍剪接布與後褲管縫合在一起

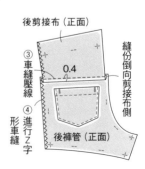

❹車縫脇邊

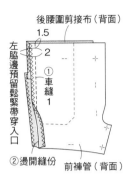

後腰圍剪接布（背面）
1.5
2
左脇邊預留鬆緊帶穿入口
①車縫1
②燙開縫份
前褲管（背面）

❺車縫下襬剪接布

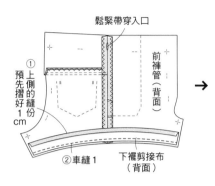

鬆緊帶穿入口
①上側的縫份預先摺好1cm
前褲管（背面）
②車縫1
下襬剪接布（背面）

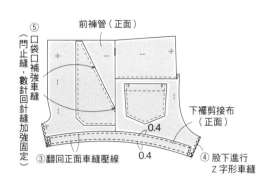

⑤
前褲管（正面）
口袋口補強車縫（門止縫，數針回針縫加強固定）
下襬剪接布（正面）
0.4
0.4
③翻回正面車縫壓線
④股下進行Z字形車縫

❻縫合股下

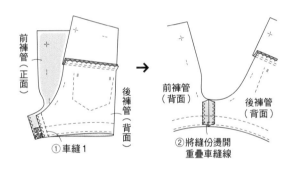

前褲管（正面）
①車縫1
前褲管（背面）
後褲管（背面）
②將縫份燙開重疊車縫線

❼縫合股上，製作假前開式部分

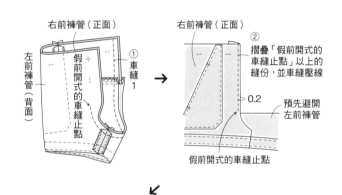

右前褲管（正面）
左前褲管（背面）
①車縫1
假前開式的車縫止點
②摺疊「假前開式的車縫止點」以上的縫份，並車縫壓線
0.2
預先避開左前褲管
假前開式的車縫止點
右前褲管（正面）

↙

③重疊縫份端，兩片一起進行Z字形車縫
左前褲管（背面）

→

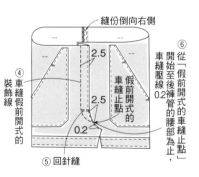

縫份倒向右側
2.5
2.5
0.2
④車縫假前開式的裝飾線
假前開式的車縫止點
⑤回針縫
⑥從「假前開式的車縫止點」開始至後褲管的腰部為止，車縫壓線0.2

❽處理腰圍部分

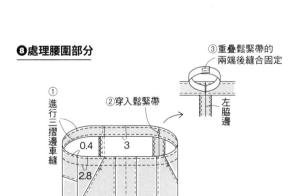

①進行三摺邊車縫
②穿入鬆緊帶
③重疊鬆緊帶的兩端後縫合固定
左脇邊
0.4
3
2.8

no.04 報童帽

p.08／原寸紙型 F 面

【材料】（※頭圍 49／53cm 共用）
表布（粉紅色薄燈心絨）100cm 寬…50cm
裡布（印花圖案）110cm 寬…50cm
黏著襯（表布帽身・帽簷）110cm 寬…50cm
寬 15mm 鬆緊帶…6cm
長 25mm 別針（用於裝飾蝴蝶結）…1 個

【縫製重點】
表布帽身與帽簷的背面貼上黏著襯，並將形狀確實的作出來。特別是帽簷部分容易變形，因此，請使用厚實的黏著襯，或將黏著襯重疊貼合一起使用，表面會更挺更漂亮。可以將帽身的縫份事先車縫裝飾線固定，如此一來，即便經過清洗後縫份也不會豎立起來。

【成品尺寸】
頭圍　49／53cm

【縫製順序】
❶先將表布帽身兩片、兩片一組縫合固定在一起，並車縫壓線。
❷再將步驟❶縫製在一起的部分繼續縫合，進行至成為一頂帽子為止。
❸製作帽簷，並將其縫合固定於表布帽身上。
❹於表布帽身的後中心縫上一條鬆緊帶。
❺裡布帽身，只預留一個返口，其餘與表布帽身以相同方式依序縫製。將縫份倒向至同一側，不需要車縫壓線。
❻將表布帽身與裡布帽身縫合在一起。
❼從返口翻回正面，並車縫壓線。
❽返口處進行藏針縫，帽身的側面，手縫固定布標。
❾裝飾蝴蝶結（請參考p.69的❺），即完成。

縫製順序

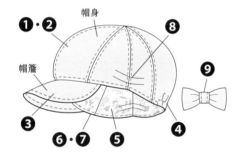

裁布圖

※除指定處之外，其他縫份皆為cm。
※圖示紅色點點的部分為貼襯部分（請參考p.51）。

〈表布・裡布共通〉

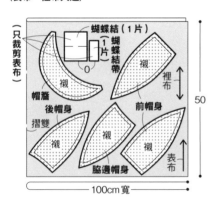

❶將表布帽身兩片・兩片縫合固定　※前帽身與後帽身以相同方式縫合

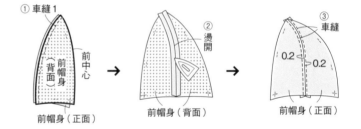

❷縫合固定成帽子的形狀

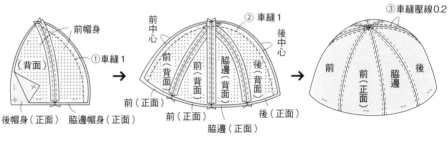

❸製作帽簷

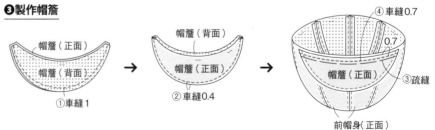

❹於表布帽身縫合固定鬆緊帶

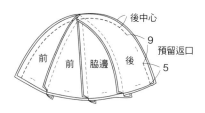

後　後中心
0.5　4
（背面）

1.5
車縫
將長 6cm 的鬆緊帶
拉長後縫合

❺製作裡布帽身

後中心
9
預留返口
前　前　脇邊　後
5

❻縫合固定表布與裡布帽身

車縫 1　表布帽身（背面）

帽簷
（正面）

裡布帽身（背面）

❼車縫壓線

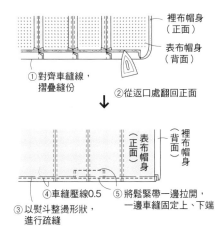

裡布帽身（正面）
表布帽身（背面）

①對齊車縫線，摺疊縫份
②從返口處翻回正面

裡布帽身（背面）
表布帽身（正面）

④車縫壓線0.5
⑤將鬆緊帶一邊拉開，一邊車縫固定上、下端
③以熨斗整燙形狀，進行疏縫

❽摺疊褶子

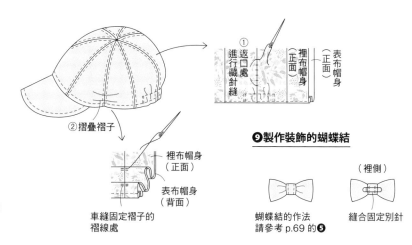

①返口處進行藏針縫
裡布帽身（正面）
表布帽身（正面）

②摺疊褶子

裡布帽身（正面）
表布帽身（背面）

車縫固定褶子的褶線處

❾製作裝飾的蝴蝶結

（裡側）

蝴蝶結的作法
請參考 p.69 的❺
縫合固定別針

9-a

no.09-a 蓬鬆的胸花

p.14／原寸紙型 B 面

【材料】
素面亞麻與印花圖案等碎布兩種
（花瓣・包釦的分量）…少許
不織布（底座的分量）…少許
直徑12mm的包釦…1 組
手工藝品用棉花…適宜
長25mm的別針…1 個

【縫製重點】
花瓣的紙型是含有縫份的，布片很小，因此也可以徒手縫製。包釦是使用市售的套件組，可以配合花瓣改變布料來製作。如果要使用薄布料來包裹包釦時，請在背面貼上黏著襯，可讓成品更精美。

❶製作花瓣

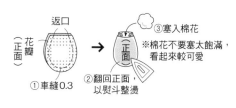

返口
花瓣
（正面）
①車縫0.3

③塞入棉花
※棉花不要塞太飽滿，看起來較可愛
正面
②翻回正面，以熨斗整燙

❷將花瓣縫合串聯

※縮縫…比平針縫更細針目一些。

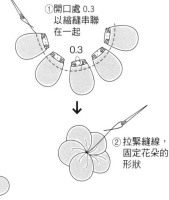

①開口處 0.3
以縮縫串聯在一起
0.3

②拉緊縫線，固定花朵的形狀

❸完成作品

（正面側）
①於中央縫上包釦

（背面側）
②縫合固定於底座
③縫合固定別針

4 片花瓣的胸針也以相同方式製作

no.05 細褶細肩帶背心

p.08 ／原寸紙型 D 面

【材料】（※尺寸從左至右為 90 ／ 100 ／ 110 ／ 120 ／ 130 ／ 140 尺寸）
表布（印花圖案）110cm 寬…70 ／ 80 ／ 80 ／ 90 ／ 100 ／ 100cm
寬 15mm 鬆緊帶…77 ／ 81 ／ 85 ／ 89 ／ 93 ／ 97cm

尺寸	90	100	110	120	130	140
下襬寬度	73.8	77.8	81.8	85.8	89.8	93.8
衣長	36	39	42	45	48	51

【縫製重點】
此款是以看不到布邊的處理方式製作，即便使用家用縫紉機也可以整齊漂亮地完成。因此布邊不會鬚邊，經久耐用並適合洗滌。不需要貼襯也不需要另外車縫緎褶，可以在很短的時間內完成。肩帶的長度與緎褶的分量，是以兒童的標準尺寸製作，因此請依據穿著者的體形，調整斜布條或是鬆緊帶的長度。

※上排的鬆緊帶比下排的鬆緊帶略短約1至1.5cm，這樣就不會輕易看見胸口，在穿著時也會更舒適。

【縫製順序】
❶縫製前後身片的鬆緊帶穿入口，並穿入兩條鬆緊帶。
❷身片袖襱處，以斜布條進行處理。
❸脇邊以包邊縫的方式處理。
❹下襬三摺邊車縫（請參考p.81的❽）。

❶處理鬆緊帶穿入口

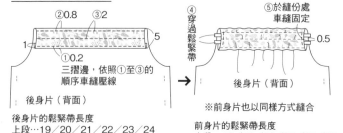

後身片的鬆緊帶長度
上段…19／20／21／22／23／24
下段…20.5／21.5／22.5／23.5
　　　／24.5／25.5cm

前身片的鬆緊帶長度
上段…18／19／20／21／22／23cm
下段…19.5／20.5／21.5／22.5
　　　／23.5／24.5cm

縫製順序

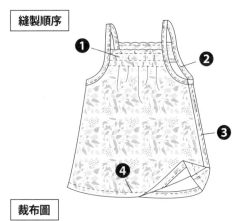

裁布圖

※將紙型放置於布料的表面，並進行裁剪。
※除指定處之外，其他縫份皆為1cm。
※尺寸從上至下為90／100／110／120／
　130／140尺寸。

❷處理袖襱

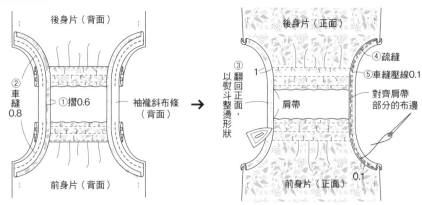

❸脇邊以包邊縫的方式處理

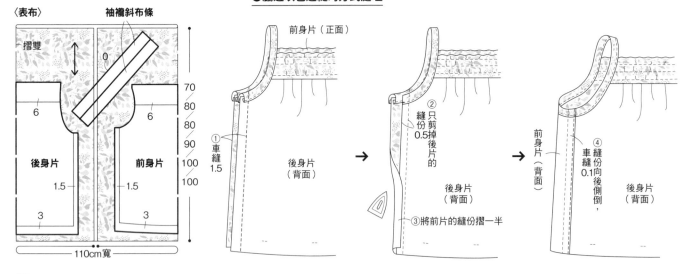

9-b,c

no.09-b,c 小花的髮飾與髮夾

p.14／原寸紙型 B 面

【髮飾的材料】
素面亞麻布等衣服的碎布（用於花瓣）…少許
黏著襯…少許
帶有兩個球的小花芯（球的尺寸2mm）…8 條
寬3mm緞帶…30cm
寬55mm的髮插…1 個
手工藝用白膠

【髮夾的材料】
素面亞麻與燈芯絨之類的衣服碎布（花瓣，花蕊的分量）…少許
黏著襯…少許
帶有兩個球的大花芯（球的尺寸5mm）…1 條
長55mm帶有底座的髮夾…1 個
手工藝用白膠

【縫製重點】
剪成花瓣形狀的布料邊緣不作處理，直接將布的尖端鬆開完成製作。

【縫製髮飾的順序】
❶四片花瓣各自穿過花芯，作成一朵花。
❷將花芯的軸芯沿著髮插對齊，以緞帶包裹起來即完成。

【縫製髮夾的順序】
❶在外側包裹的大花瓣的裡側，沾上白膠，將2片重疊對齊。
❷花芯的圓球部分，以布料包裹。
❸花瓣依照大小的順序縫合固定。
❹縫合固定於髮夾完成。

9-d

no.09-d 小花環胸針

p.14／原寸紙型 B 面

【胸針材料】
素面亞麻布和燈芯絨之類的布料碎布（花瓣，土台布的分量）…少許
黏著襯（土台布的分量）…少許
帶有兩個球的大花芯（球的尺寸5mm）…4 條
長度25mm胸針底座…1 個

【縫製重點】
剪成花瓣形狀的布料邊緣不作處理，直接將布的尖端鬆開完成製作。

【縫製順序】
❶製作土台底座。
❷八片花瓣各自穿過花芯，作成一朵花。
❸將花朵縫合固定於土台底座，並在背面固定一個胸針底座，完成。

※縮縫（約 2mm 的平針縫）：比平針縫更細針目一些。

<b> ❶製作花朵

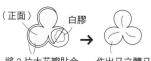

① 於中央貼黏著襯
② 以錐子於中央穿洞
③ 洞口的四周進行細針目的縮縫

⑤將對摺的 2 條花芯穿入花朵
④於中央沾少量白膠
⑦作 4 個
⑥拉緊縫線

❷固定於髮插

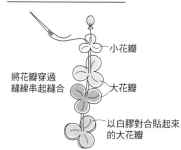

將花芯的軸心沿著髮插，再以緞帶纏繞。

裡側

<c> ❶將花瓣貼合

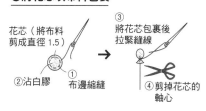

（正面）　白膠
將 2 片大花瓣貼合
作出又立體又圓的形狀後固定

❷將花芯以布料包裹

花芯（將布料剪成直徑 1.5）
②沾白膠
①布邊縮縫
③將花芯包裹後拉緊縫線
④剪掉花芯的軸心

❸花瓣依照大小縫合固定

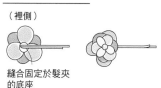

小花瓣
將花瓣穿過縫線串起縫合
大花瓣
以白膠對合貼起來的大花瓣

❹縫合固定於髮夾

（裡側）

縫合固定於髮夾的底座

<d> ❶製作土台底座

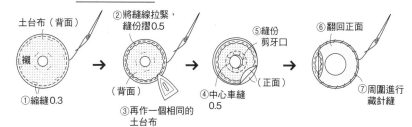

土台布（背面）
襯
①縮縫0.3
②將縫線拉緊，縫份摺0.5
③再作一個相同的土台布
（背面）
④中心車縫0.5
⑤縫份剪牙口
（正面）
⑥翻回正面
⑦周圍進行藏針縫

❷製作花朵

製作 8 個小花
※作法請參考髮飾的方法
（背面）
穿過將軸心剪掉一半的花芯
將花芯的軸心剪短

❸縫合固定於土台底座

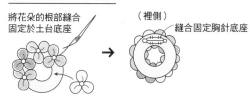

將花朵的根部縫合固定於土台底座
（裡側）
縫合固定胸針底座

no.07 細針形褶襇連身裙

p.12／原寸紙型 A 面

【材料】（※尺寸從左至右為 90／100／110／120／130／140 尺寸）
表布（藍色薄棉丹寧布）110cm 寬…130／140／150／
160／170／180cm
10×15mm 鈕釦…1 個
寬度 3mm 緞帶（用於前領開口的布環）…5cm

尺寸	90	100	110	120	130	140
胸圍	79.6	83.6	87.6	91.6	95.6	99.6
衣長	48	53	58	63	68	73

【縫製重點】
此款是以隱藏布邊的處理方式製作，即便使用家用縫紉機也可以整齊漂亮
地完成。因此布邊不會鬚邊，經久耐用並適合洗滌。由於不使用拷克機也沒
有使用黏著襯，不只容易製作，而且還可以學習各種縫份處理方式。例如袋
縫、包邊縫、於背面以斜布條處理滾邊等方法。

【縫製順序】
❶前身片的口袋縫合位置，製作口袋下方細褶，並完成身片上的劍形褶襇。
❷後身片的針形褶襇也以同樣方式縫合。
❸將口袋縫合固定於前身片。
❹肩線以袋縫處理。
❺前領開口以滾邊處理。
❻領口以滾邊處理。
❼袖襱以斜布條處理（請參考p.46〈於背面以斜布條處理滾邊〉）。
❽脇邊以包邊縫的方式處理（請參考p.85的❻）。
❾下襬進行三摺邊車縫（請參考p.81的❽）。
❿前中心縫合鈕釦完成。

裁布圖

※將紙型放置於布料的表面，並進行裁剪。
※除指定處之外，其他縫份皆為1cm。
※尺寸從上至下為90／100／110／120／
　130／140 尺寸。

〈表布〉

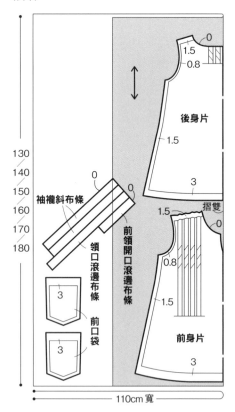

縫製順序

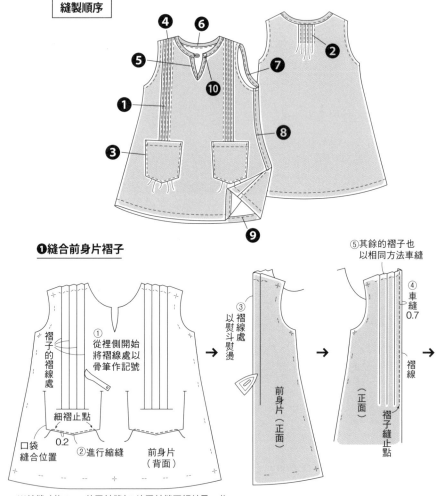

褶子倒向
脇邊

0.7

褶線

❷縫合後身片的褶子

❸將口袋縫合固定於前身片

倒向左側

褶子縫止點

前身片
（正面）

⑥
以熨斗熨燙

後身片
（正面）

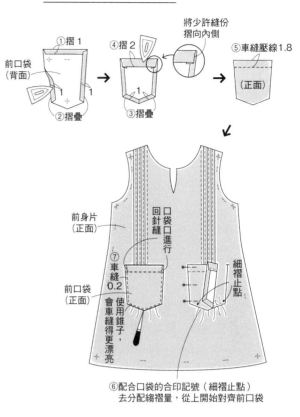

①摺1

前口袋
（背面）

②摺疊

④摺2

③摺疊

1

將少許縫份
摺向內側

⑤車縫壓線1.8

（正面）

前身片
（正面）

前身片
（正面）

前口袋
（正面）

口袋口進行
回針縫

⑦
車縫
0.2

使用錐子
會車縫
得更漂亮

細褶
止點

⑥配合口袋的合印記號（細褶止點）
去分配綯褶量，從上開始對齊前口袋

❹肩線以袋縫處理

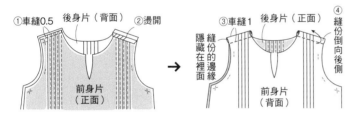

①車縫0.5　後身片（背面）　②燙開

③車縫1　後身片（正面）

④
縫
份
倒
向
後
側

縫
份
隱
藏
在
裡
面

隱藏
的
邊緣

前身片
（正面）

前身片
（背面）

❺前領開口以滾邊處理

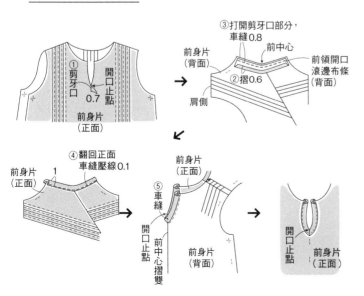

①
剪
牙
口

開
口
止
點
0.7

前身片
（正面）

③打開剪牙口部分，
車縫0.8
前中心

前身片
（背面）

②摺0.6

肩側

前領開口
滾邊布條
（背面）

④翻回正面
車縫壓線0.1

前身片
（正面）

1

⑤
車
縫

開
口
止
點

前
中
心
摺
雙

前身片
（正面）

前身片
（背面）

開
口
止
點

前身片
（正面）

❻領口以滾邊處理

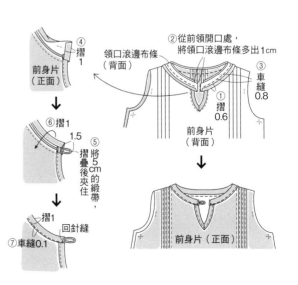

④
摺
1

前身片
（正面）

⑥摺1

1.5

⑤
將
5
cm
的
緞
帶
，
摺
疊
後
夾
住

摺1

⑦車縫0.1

回針縫

②從前領開口處，
將領口滾邊布條多出1cm

領口滾邊布條
（背面）

①
摺
0.6

③
車
縫
0.8

前身片
（背面）

前身片（正面）

no.08 方領無袖連身裙

p.14／原寸紙型 A 面

【材料】（※尺寸從左至右為 90／100／110／120／130／140 尺寸）
表布（淺棕色薄燈芯絨）100cm 寬…90／100／110／
120／120／130cm
配布（花）110cm 寬…30／30／40／40／40／40cm
黏著襯（前、後貼邊，口袋布）110cm 寬
…30／30／40／40／40／40cm
10×15mm 鈕釦…3 個

尺寸	90	100	110	120	130	140
胸圍	61.2	65.2	69.2	73.2	77.2	81.2
衣長	44.8	49.8	54.8	59.8	64.8	69.8

【縫製重點】

裙子的縐褶不要拉至邊端，分散在袖襱部分的「細褶止點」之前為止，縫製起來會更容易，成品也會更漂亮。與身片縫合時，將有縐褶的裙子朝上，使用錐子一點一點的推動，進行車縫。車縫後領開口部分時請小心，因為布料的厚度很可能會產生段差，而不好車縫。如果表布的布料較厚時，請於貼邊使用薄黏著襯，使背面變薄以保持清爽，不會顯得厚重。

【縫製順序】
❶將身片與貼邊的肩線各自縫合。
❷將身片與貼邊正面相對縫合，翻回正面。
❸縫合身片與貼邊的脇邊，並車縫壓線。
❹將口袋車縫固定於前裙上。 ※由於口袋的開口會經常受力，如果布料太薄，請在口袋口的裡側貼上黏著襯，再與襠布一起車縫（請參考p.96的❷）。
❺製作前後裙的細褶，並縫製脇邊。
❻下襬進行三摺邊車縫（請參考p.81的❽）。
❼縫合身片與裙子。
❽於後領開口開釦眼，並縫合鈕釦。

裁布圖

※將紙型放置於布料的表面，並進行裁剪。
※除指定處之外，其他縫份皆為1cm。
※尺寸從上至下為 90／100／110／120／
　130／140 尺寸。
※圖示紅色點點的部分為貼襯部分（請參考p.51）。

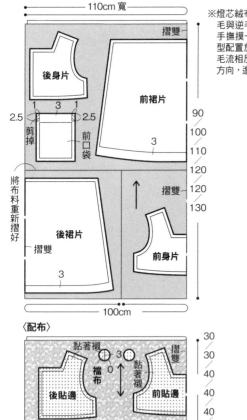

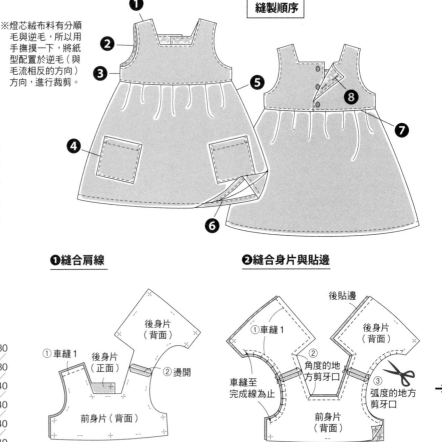

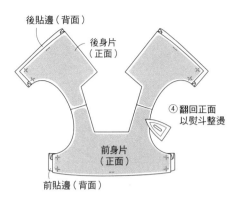

後貼邊（背面）
後身片（正面）
④翻回正面
以熨斗整燙
前身片（正面）
前貼邊（背面）

❸車縫脇邊

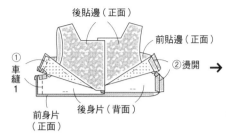

後貼邊（正面）
前貼邊（正面）
①車縫1
②燙開
前身片（正面）
後身片（背面）

→

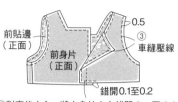

前貼邊（正面）
0.5
③車縫壓線
前身片（正面）
錯開0.1至0.2

④對齊後中心，將右身片向上錯開0.1至0.2（布料的厚度）作出段差重疊。縫份車縫固定（詳細說明請參考p.91的❹）

❹將口袋車縫固定於前裙片上

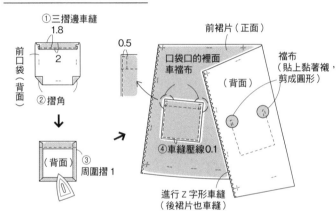

①三摺邊車縫1.8
前口袋（背面）
②摺角
③周圍摺1
0.5
前裙片（正面）
口袋口的裡面車襠布
④車縫壓線0.1
襠布（貼上黏著襯，剪成圓形）（背面）
進行Z字形車縫（後裙片也車縫）

❺縫合前後裙子

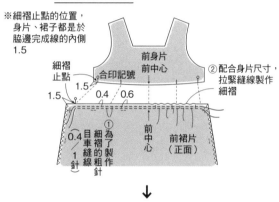

※細褶止點的位置，身片、裙子都是於脇邊完成線的內側1.5
細褶止點
1.5
1.5
合印記號
0.4 0.6
前身片前中心
②配合身片尺寸，拉緊縫線製作細褶
①為了製作細褶的粗針目車縫線
0.4 1針
前中心
前裙片（正面）

↓

後裙（正面）
③車縫1
前裙（背面）
④燙開

❼縫合身片與裙子

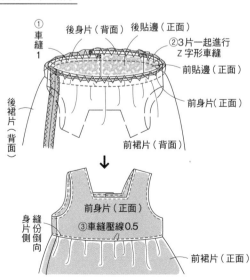

①車縫1
後身片（背面）
後貼邊（正面）
②3片一起進行Z字形車縫
前貼邊（正面）
前身片（正面）
後裙片（背面）
前裙片（背面）

↓

前身片（正面）
③車縫壓線0.5
身片側縫份倒向
前裙片（正面）

❽開釦眼，縫合固定鈕釦

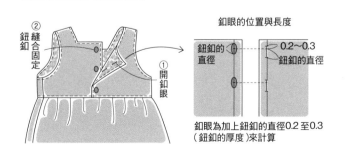

②鈕釦縫合固定
①開釦眼

釦眼的位置與長度
鈕釦的直徑
0.2~0.3
鈕釦的直徑

釦眼為加上鈕釦的直徑0.2至0.3（鈕釦的厚度）來計算

no.21 縮腰小洋裝

p.28／原寸紙型E面

【材料】（※尺寸從左至右為90／100／110／120／130／140尺寸）
表布（印花圖案）110cm 寬…130／140／150／160／170／180cm
配布（彩色平織布料）110cm 寬…40cm（共通）
寬6mm鬆緊帶
（領口上段用）…40／41／42／43／44／45cm
（領口下段用）…43／44／45／46／47／48cm
（腰圍用）…56／57／58／59／60／61cm
（袖口用）…13／14／15／16／17／18cm2 條
寬20mm止伸襯布條（半斜紋型，用於口袋口）…30／30／30／30／30／30cm

尺寸	90	100	110	120	130	140
胸圍	95.7	99.7	103.7	107.7	111.7	115.7
衣長	52	57	62	67	72	77
袖長	35.9	39.9	43.9	47.9	51.9	55.9

【縫製重點】
領口、袖口、腰圍縫合鬆緊帶。製作鬆緊帶穿入口，將鬆緊帶的長度製作成可以從後面調節的款式。利用脇邊的接縫處，製作脇邊口袋。僅在口袋開口處使用止伸襯布條。請依照孩子的身形調整鬆緊帶的長度。

【縫製順序】
❶製作脇邊口袋。
❷縫合身片與袖子。
❸縫合貼邊的肩線。
❹縫合身片與貼邊。
❺從袖下車縫至脇邊。
❻縫合腰帶的脇邊。
❼將腰帶縫合固定於身片。
❽下襬進行三摺邊車縫（請參考p.81的❽）。
❾袖口進行三摺邊車縫（請參考p.53的❽）。
❿將領口、腰圍、袖口穿過鬆緊帶，即完成。

裁布圖

※將紙型放置於布料的表面，並進行裁剪。
※除指定處之外，其他縫份皆為1cm。
※尺寸從上至下為90／100／110／120／130／140尺寸。
※斜線部分為貼牙止伸襯布條。

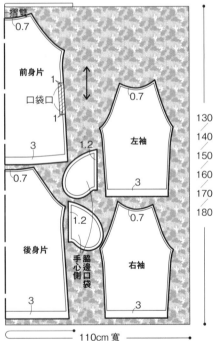

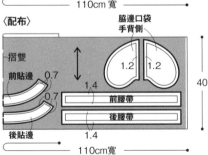

縫製順序

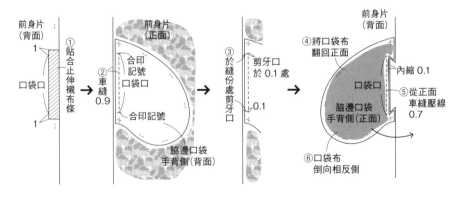

❶製作脇邊口袋

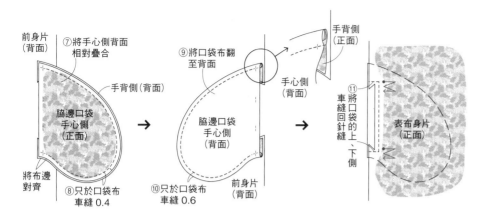

前身片
(背面)
⑦將手心側背面
相對疊合
⑨將口袋布翻
至背面
手背側
(正面)
手背側(背面)
脇邊口袋
手心側
(正面)
手心側
(背面)
脇邊口袋
手心側
(背面)
⑪
車縫回針縫
將口袋的上、下側
表布身片
(正面)
將布邊
對齊
⑧只於口袋布
車縫 0.4
前身片
(背面)
⑩只於口袋布
車縫 0.6

❷縫合身片與袖子

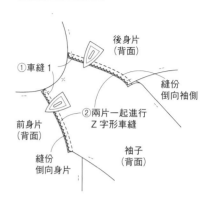

①車縫 1
後身片
(背面)
縫份
倒向袖側
前身片
(背面)
②兩片一起進行
Z 字形車縫
袖子
(背面)
縫份
倒向身片

❸縫合貼邊的肩線

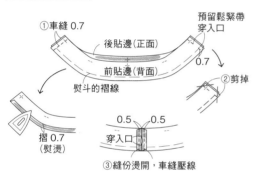

①車縫 0.7
後貼邊(正面)
預留鬆緊帶
穿入口
前貼邊(背面)
0.7
②剪掉
熨斗的褶線
摺 0.7
(熨燙)
0.5   0.5
穿入口
③縫份燙開，車縫壓線

❹身片與貼邊對齊縫合

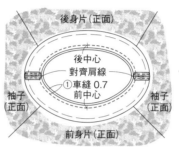

後身片(正面)
後中心
對齊肩線
前中心
①車縫 0.7
袖子
(正面)
袖子
(正面)
前身片(正面)

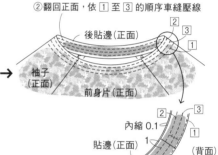

②翻回正面，依 ① 至 ③ 的順序車縫壓線
後貼邊(正面)
③
①
袖子
(正面)
前身片(正面)
內縮 0.1
貼邊(正面)
②
③
①
1
(背面)
0.1

❺從袖下車縫至脇邊

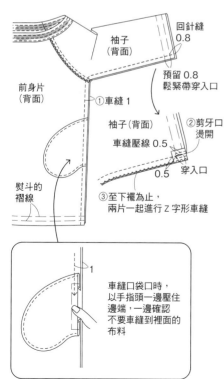

袖子
(背面)
回針縫
0.8
前身片
(背面)
①車縫 1
預留 0.8
鬆緊帶穿入口
袖子(背面)
車縫壓線 0.5
②剪牙口
燙開
0.5
穿入口
熨斗的
褶線
③至下襬為止，
兩片一起進行 Z 字形車縫
1
車縫口袋口時，
以手指頭一邊壓住
邊端，一邊確認
不要車縫到裡面的
布料

❻縫合腰帶的脇邊

①
車縫
1
前腰帶(正面)
後腰帶(背面)
熨斗的褶線
預留
鬆緊帶
穿入口
①
②
剪掉
③將縫份燙開
0.5   0.5 (背面)
④車縫壓線
穿入口
2.8
1.4
摺 1.4

❼於身片縫合腰帶

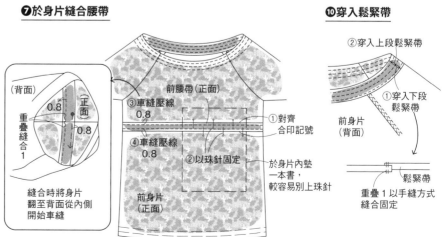

(背面)
0.8
正面
0.8
重疊
縫合
1
前腰帶(正面)
③車縫壓線
0.8
④車縫壓線
0.8
①對齊
合印記號
②以珠針固定
於身片內墊
一本書，
較容易別上珠針
前身片
(正面)
縫合時將身片
翻至背面從內側
開始車縫

❿穿入鬆緊帶

②穿入上段鬆緊帶
①穿入下段
鬆緊帶
前身片
(背面)
鬆緊帶
重疊 1 以手縫方式
縫合固定

no.06 套頭式連身裙

p.10 ／原寸紙型 E 面

【材料】（※尺寸從左至右為 90 ／ 100 ／ 110 ／ 120 ／ 130 ／ 140 尺寸）
表布（紅色純棉布）110cm 寬…130 ／ 140 ／ 150 ／ 160 ／ 170 ／ 180cm
寬 6mm 鬆緊帶…
（領口上段用）…40 ／ 41 ／ 42 ／ 43 ／ 44 ／ 45cm1 條
（領口下段用）…43 ／ 44 ／ 45 ／ 46 ／ 47 ／ 48cm1 條

尺寸	90	100	110	120	130	140
胸圍	95.7	99.7	103.7	107.7	111.7	115.7
衣長	49	54	59	64	69	74

【縫製重點】
無需使用拷克機，使用家用縫紉機也能縫製。肩線使用「包邊縫」、領口部分
以車縫貼邊的方式、脇邊以雙邊摺縫的方式進行縫製。表布質料較薄時，則可
以在口袋縫合位置的背面加一塊福布（請參考p.91的❷）。

【縫製順序】
❶製作口袋，縫合於前身片（請參考p.87的❶）。
❷肩線使用「包邊縫」的方式縫合。
❸縫合貼邊的肩線（請參考p.67的❸）。
❹縫合身片與貼邊（請參考p.67的❹）。

❺車縫脇邊，處理袖口與脇邊的縫份。
❻下襬進行三摺邊車縫（請參考p.81的❽）。
❼將領口穿過鬆緊帶，即完成（請參考p.67的❿）。

縫製順序

裁布圖

※將紙型放置於布料的表面，並進行裁剪。
※除指定處之外，其他縫份皆為1cm。
※尺寸從上至下為90 ／ 100 ／ 110 ／ 120／
　130／140 尺寸。

〈表布〉

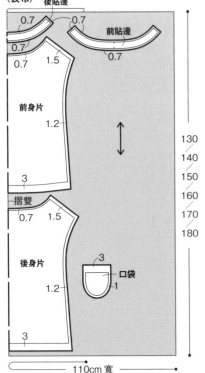

110cm 寬

❷肩線使用「包邊縫」的方式縫合

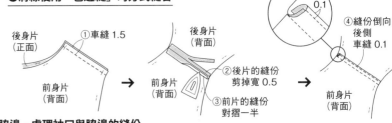

❺車縫脇邊，處理袖口與脇邊的縫份

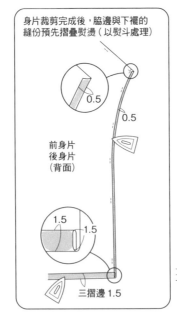

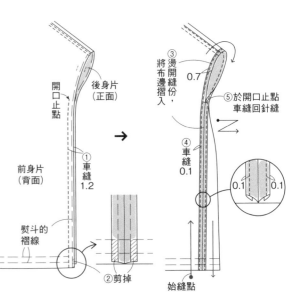

no.15 縐褶斜背包

p.19／原寸紙型 B 面

【材料】

表布（紫色亞麻）120cm 寬…30cm
配布（印花圖案）60cm 寬…20cm
黏著襯（表布主體）30cm 寬…20cm
直徑 10mm 的磁釦（用於裝飾蝴蝶結帶）…1 組
直徑 13mm 的磁釦（袋口用）…1 組

【縫製重點】

為了保持袋身漂亮的挺度，於主體表布的背面貼合黏著襯。表布主體與表布剪接布，各自多作幾個合印記號，將細褶均等的分配後對齊記號縫合。也可以使用市售的織帶或緞帶輕鬆製作肩帶，並依照孩子的體型調整長度。

【縫製順序】

❶將剪接布製作細褶後與主體表布縫合，並縫合固定磁釦。※將製作好細褶的剪接布朝上，使用錐子一點一點的推動進行車縫。
❷於裡布主體縫合固定磁釦，縫合四周。
❸製作肩帶。
❹夾住肩帶，縫合袋口。
❺製作裝飾蝴蝶結，縫合固定磁釦完成。

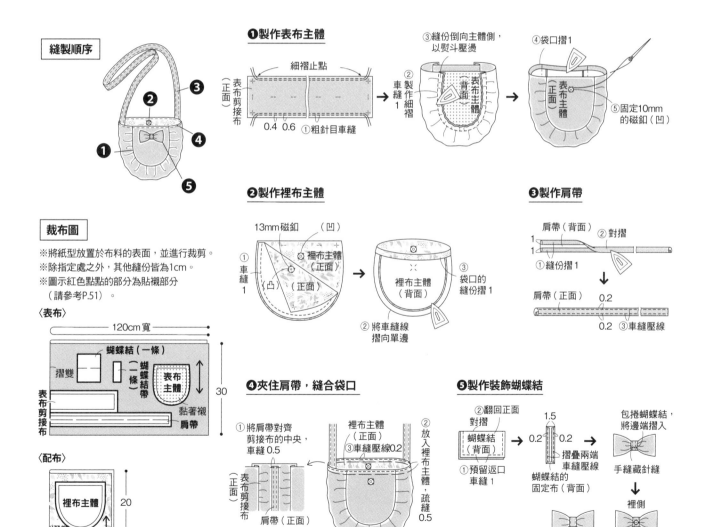

no.10 針織 T 恤
p.16 , 36／原寸紙型 B 面

30 **no.30 高領長袖衫**

【10 材料】（※尺寸從左至右為 90 ／ 100 ／ 110 ／ 120 ／ 130 ／ 140 尺寸）
表布（小花朵圖案的刷毛圓編針織布）170cm
寬…50 ／ 50 ／ 60 ／ 60 ／ 65 ／ 65cm
寬 12mm 止伸襯布條（直紋型，後身片的肩線量）…
20 ／ 20 ／ 30 ／ 30 ／ 30 ／ 30cm
【30 材料】（※尺寸從左至右為 90 ／ 100 ／ 110 ／ 120 ／ 130 ／ 140 尺寸）
表布（粉紅色圓編針織布）170cm 寬…50 ／ 60 ／ 60 ／ 60 ／ 70 ／ 75cm
寬 12mm 止伸襯布條（直紋型，後身片的肩線量）…30cm
※圓編針織布：高彈性針織布料。
※表布，請使用雙面圓編針織布料或網眼針織布料、圓編針織布等高彈性的針
　織布料。天竺棉或雙面接結針織布等拉伸性不高的針織物不適合製作。
※請注意：依照使用布料材質的不同或是孩童身形的差異，可能會造成頭
　部無法套入的情形。

【縫製重點】
為了使領圍剛剛好貼合頸部，於是將「比身片領圍尺寸還要短的領口布」，
一邊拉長一邊縫合。
如果下襬或袖口上的接縫線呈波浪狀時，請用熨斗的蒸氣將其輕輕的熨燙
撫平。洗滌後，接縫的車縫線部分與布料會融合在一起，減少波浪的情形。
※為了防止斷線，建議使用雙針拷克機進行縫製。關於使用家用縫紉機縫製
　針織布料的要點，請參考p.48。

【縫製順序　通用】
❶縫合肩線。
❷縫合領口布，並縫合固定於身片。
❸將袖子縫合固定於身片。　※注意不要混淆袖子的前面和後面。
❹從袖下開始車縫至脇邊為止。　※將袖襱的縫份部分前、後互相錯開倒向
　相反側，這樣會使布料的厚度均等消除並減少段差，車縫時將不會輕易錯
　位，成品會更漂亮。
❺摺疊袖口與下襬並車縫。
　※如果將布料前後邊拉伸邊車縫，線會比較不容易斷。

尺寸	90	100	110	120	130	140
胸圍	56.2	60.2	64.2	68.2	72.2	76.2
衣長	35.1	38.1	41.1	44.1	47.1	50.1
10袖長	7.8	8.8	9.8	10.8	11.8	12.8
30袖長	29.1	33.1	37.1	41.1	45.1	49.1

裁布圖
※將紙型放置於布料的表面，並進行裁剪。
※除指定處之外，其他縫份皆為1cm。
※尺寸從上至下為90 ／ 100 ／ 110 ／ 120 ／ 130 ／ 140 尺寸。

〈10の表布〉　※斜線部分為貼合止伸襯布條（請參考p.51）。

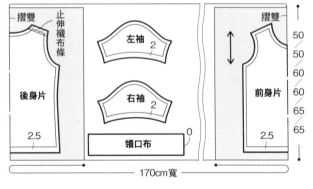

縫製順序

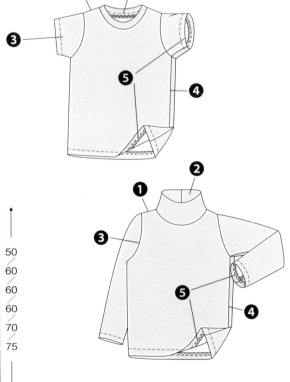

〈30的表布〉

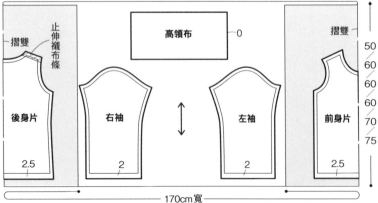

10 針織 T 恤

❶縫合肩線

① 車縫 1
② 兩片一起進行 Z 字形車縫
縫份倒向後側
後身片（正面）
前身片（背面）

❷縫合領口布，並縫合固定於身片

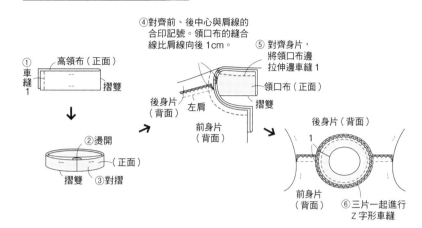

① 車縫 1
高領布（正面）
摺雙
② 燙開
（正面）
摺雙 ③對摺

④對齊前、後中心與肩線的合印記號。領口布的縫合線比肩線向後 1cm。
⑤對齊身片，將領口布邊拉伸邊車縫 1
領口布（正面）
摺雙
後身片（背面）
左肩
前身片（背面）

後身片（背面）
1
前身片（背面）
⑥三片一起進行 Z 字形車縫

❸將袖子縫合固定於身片

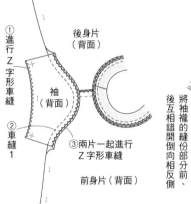

① 進行 Z 字形車縫
後身片（背面）
袖（背面）
② 車縫 1
③兩片一起進行 Z 字形車縫
前身片（背面）

❹縫合袖下與脇邊

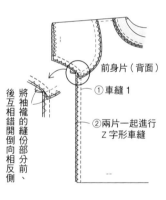

前身片（背面）
① 車縫 1
② 兩片一起進行 Z 字形車縫
將袖襱的縫份部分前、後互相錯開倒向相反側

❺處理袖口與下襬

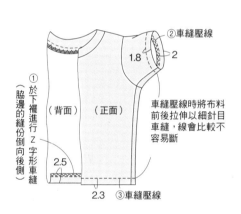

① 於下襬進行 Z 字形車縫（脇邊的縫份倒向後側）
② 車縫壓線
1.8
2
（背面）（正面）
車縫壓線時將布料前後拉伸以細針目車縫，線會比較不容易斷
2.5
2.3 ③車縫壓線

30 高領長袖衫

請參考❶·❸·❺的 T 恤作法
❷縫合領口布，並縫合固定於身片

① 車縫 1
高領布（背面）
摺雙
② 燙開
高領布（正面）
摺雙 ③對摺

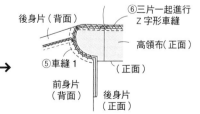

④將高領布的縫合線對齊後中心
⑥三片一起進行 Z 字形車縫
後身片（背面）
高領布（正面）
⑤車縫 1
前身片（背面）
後身片（正面）

❹車縫脇邊

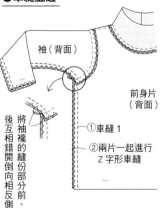

袖（背面）
前身片（背面）
將袖襱的縫份部分前、後互相錯開倒向相反側
① 車縫 1
② 兩片一起進行 Z 字形車縫

no.11 七分褲
p.16／原寸紙型 E 面

【材料】（※尺寸從左至右為 90／100／110／120／130／140 尺寸）
表布（綠色棉質斜紋布）112cm 寬…70／80／80／90／90／100cm
配布（印花圖案純棉布）40cm 寬…20cm
※棉質斜紋布……厚實耐用的斜紋紡織布料。
※如果前口袋的袋布很薄，則可以使用相同的布料（在這種情況下，請在表布的尺寸上增加 10cm）。
寬 5mm 鬆緊帶…42.5／44／46／48／50／52cm 2 條

尺寸	90	100	110	120	130	140
總長(CF)	36.5	39.5	42.5	45.5	48.5	51.5
腰圍	57.8	61.8	65.8	70.8	75.8	80.8
股上(CF)	15.8	16.8	17.8	18.8	19.8	20.8
股下(弧度)	21	23	25	27	29	31

【縫製重點】
前口袋的袋布使用薄布料比較好車縫，搭配使用Liberty的印花小碎布會很漂亮。腰圍設計為全鬆緊帶的樣式，為了方便更換鬆緊帶，於左脇邊預留一個鬆緊帶穿入口。

【縫製順序】
❶製作前口袋。
❷後口袋口三摺邊車縫，並於底部製作細褶。
❸將口袋車縫於後褲管上。
※後口袋的綯褶部分，先將底部正面相對縫合後，再車縫壓線，口袋會車縫得更漂亮。
❹前後褲管的股上各自縫合，並車縫壓線。
❺腰圍剪接布與前後褲管各自縫合，並車縫壓線。
※剪接布的縫份前後相互錯開，預先倒向相反側。
❻車縫脇邊與股下，並處理布邊。
※左脇邊預留鬆緊帶返口。
❼下襬進行三摺邊車縫（請參考p.81的❽）。
❽腰圍進行三摺邊車縫，穿入兩條鬆緊帶完成（請參考p.86的❻）。

裁布圖

※將紙型放置於布料的表面，並進行裁剪。
※除指定處之外，其他縫份皆為1cm。
※尺寸從上至下為90／100／110／120／130／140 尺寸。

〈表布〉

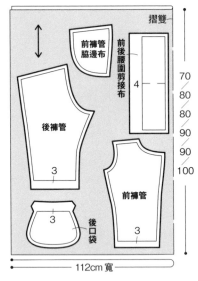

〈配布〉

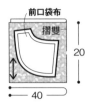

縫製順序

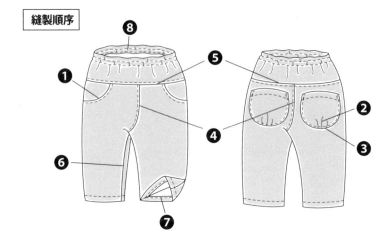

❶製作前口袋

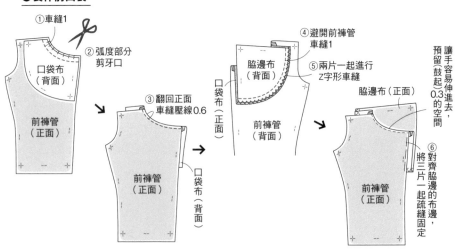

❷製作後口袋

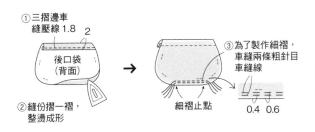

①三摺邊車縫壓線 1.8　2

後口袋（背面）

②縫份摺一褶，整燙成形

③為了製作細褶，車縫兩條粗針目車縫線

細褶止點　0.4　0.6

❸將口袋車縫於後褲管上

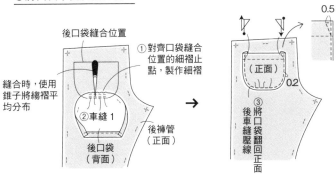

後口袋縫合位置

①對齊口袋縫合位置的細褶止點，製作細褶

縫合時，使用錐子將縐褶平均分布

②車縫 1

後口袋（背面）

後褲管（正面）

（正面）　0.2

③將口袋翻回正面

③後車縫壓線

0.5

❹前後褲管的股上各自縫合

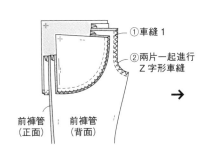

①車縫 1

②兩片一起進行 Z 字形車縫

前褲管（正面）　前褲管（背面）

③車縫壓線 0.1

右前褲管（正面）　左前褲管（正面）

縫份倒向右前褲管側

後褲管與前褲管同樣縫合股上

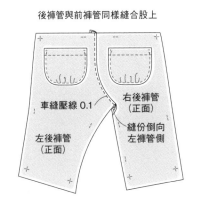

車縫壓線 0.1

左後褲管（正面）　右後褲管（正面）

縫份倒向左褲管側

❺縫合腰圍剪接布與前後褲管

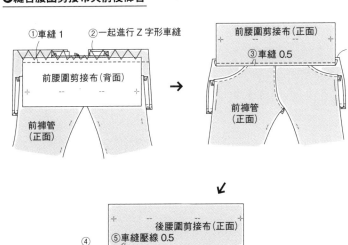

①車縫 1　②一起進行 Z 字形車縫

前腰圍剪接布（背面）

前褲管（正面）

前腰圍剪接布（正面）

③車縫 0.5

前褲管（正面）

縫份倒向剪接布側

④與前片同樣方式縫合後，進行 Z 字形車縫

後腰圍剪接布（正面）

⑤車縫壓線 0.5

後褲管（正面）

縫份倒向褲側

❻車縫脇邊與股下

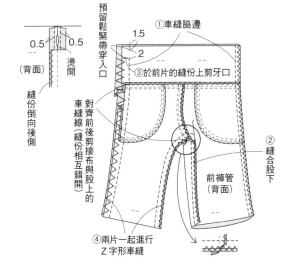

0.5　0.5

（背面）

燙開

縫份倒向後側

預留鬆緊帶穿入口

1.5　2

①車縫脇邊

③於前片的縫份上剪牙口

對齊前後剪接布與股上的車縫線（縫份相互錯開）

②縫合股下

前褲管（背面）

④兩片一起進行 Z 字形車縫

no.12 百褶裙

p.17／原寸紙型 B 面

【材料】（※尺寸從左至右為 90 ／ 100 ／ 110 ／ 120 ／ 130 ／ 140 尺寸）
表布（棉麻布料）110cm 寬…70 ／ 70 ／ 80 ／ 80 ／ 90 ／ 90cm
配布（薄丹寧布等較薄材質）20cm 寬…30cm
寬 20mm 止伸襯布條（半斜紋型，用於口袋口）…15cm
寬 5mm 鬆緊帶…42.5 ／ 44 ／ 46 ／ 48 ／ 50 ／ 52cm 2 條

尺寸	90	100	110	120	130	140
腰圍	57.9	61.9	65.9	69.9	73.9	77.9
裙長（CB）	25.5	28.5	31.5	34.5	37.5	40.5

【縫製重點】
為了可以省去洗滌後熨燙的麻煩，正面褶線處與背面裡側的褶子均事先車縫壓線。首先，下襬進行三摺邊車縫，再摺疊褶子，並將其車縫壓線。請注意，以上的順序如果錯誤，將會導致下襬的壓線無法完成。腰圍設計為全鬆緊帶的樣式，為了方便更換鬆緊帶，於左脇邊預留一個鬆緊帶穿入口。

【縫製順序】
❶以熨斗熨燙下襬三摺邊，並摺疊前裙片與後裙片上的褶子。
❷將前裙片和後裙片的兩側脇邊縫合至一半，下襬進行三摺邊車縫。
※請注意脇邊不要車縫至最上端，這樣會導致腰圍的剪接布無法接縫。
❸於「褶子正面的褶線處」與「褶子背面深處」車縫壓線。
❹縫合裙身與腰圍剪接布。
❺於右脇邊製作口袋，並車縫脇邊。
❻車縫左脇邊。腰圍預留鬆緊帶穿入口。
❼腰圍進行三摺邊車縫，穿入兩條鬆緊帶，即完成。

裁布圖

※將紙型放置於布料的表面，並進行裁剪。
※除指定處之外，其他縫份皆為1cm。
※尺寸從上至下為90 ／ 100 ／ 110 ／ 120 ／ 130 ／ 140 尺寸。
※斜線部分為貼合止伸襯布條（請參考p.51）。

縫製順序

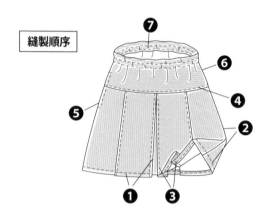

〈配布〉

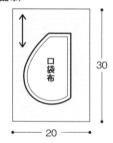

〈表布〉

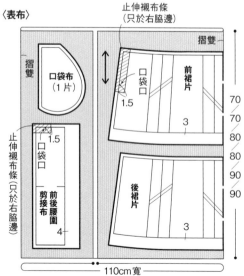

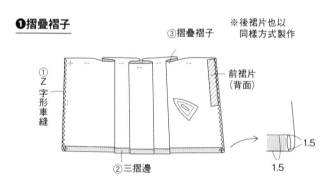

❶摺疊褶子

❷兩脇邊車縫至一半

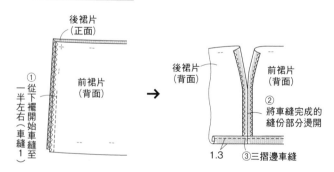

❸ 於褶子處車縫壓線

❹ 縫合裙身與腰圍剪接布

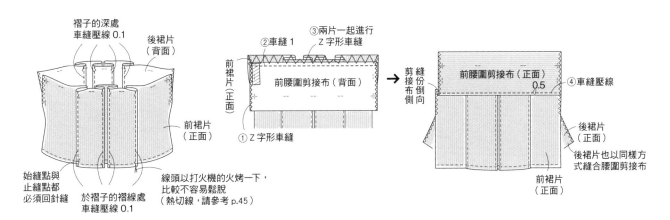

褶子的深處
車縫壓線 0.1

後裙片
（背面）

②車縫 1

③兩片一起進行
Z 字形車縫

前裙片
（正面）

前腰圍剪接布（背面）

剪接布倒向側

縫份倒向

前裙片
（正面）

①Z 字形車縫

前腰圍剪接布（正面）
0.5

④車縫壓線

後裙片
（正面）

後裙片也以同樣方
式縫合腰圍剪接布

前裙片
（正面）

始縫點與
止縫點都
必須回針縫

於褶子的褶線處
車縫壓線 0.1

線頭以打火機的火烤一下，
比較不容易鬆脫
（熱切線，請參考 p.45）

❺ 於右脇邊製作口袋，並車縫脇邊

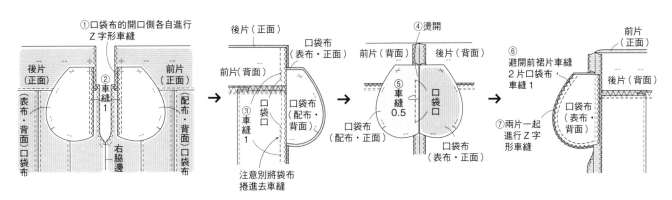

①口袋布的開口側各自進行
Z 字形車縫

後片
（正面）

前片
（正面）

②車縫 1

表布・背面）口袋布

右脇邊

配布・背面）口袋布

後片（正面）

前片（背面）

口袋布
（表布・正面）

③車縫 1

口袋口

口袋布
（配布・背面）

注意別將袋布
捲進去車縫

④燙開

前片（背面）

後片（背面）

⑤車縫 0.5

口袋口

口袋布
（配布・正面）

口袋布
（表布・正面）

前片
（正面）

⑥避開前裙片車縫
2 片口袋布，
車縫 1

後片（背面）

⑦兩片一起
進行 Z 字
形車縫

口袋布
（表布・背面）

❻ 縫合左脇邊

❼ 處理腰圍

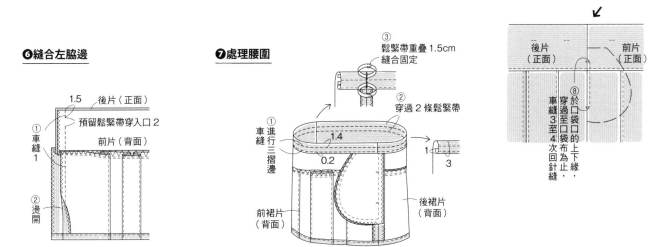

1.5

後片（正面）

預留鬆緊帶穿入口 2

①車縫 1

前片（背面）

②燙開

③鬆緊帶重疊 1.5cm
縫合固定

①進行三摺邊車縫

②穿過 2 條鬆緊帶

1.4

0.2

1

3

前裙片
（背面）

後裙片
（背面）

後片
（正面）

前片
（正面）

⑧於口袋口的上下緣，
穿過至口袋布為止，
車縫 3 至 4 次回針縫

13 no.13 圓領片上衣

p.18／原寸紙型 D 面

【材料】（※尺寸從左至右為 90／100／110／120／130／140 尺寸）
表布（印花圖案）110cm 寬…80／80／80／100／110／120cm
配布（紫色亞麻布料）40cm 寬…40cm
黏著襯（前貼邊／裡領）60cm 寬…50／50／60／60／65／65cm
直徑 13mm 的包釦，5 組
寬 5mm 鬆緊帶…16.5／17.5／18.5／19.5／20.5／21.5cm 2 條
※使用另外的配布製作包釦，或使用市售的鈕釦。

尺寸	90	100	110	120	130	140
胸圍	68.1	72.1	76.1	80.1	84.1	88.1
衣長	36.9	39.9	42.9	45.9	48.9	51.9
袖長	11.6	12.1	13.1	14.1	15.1	16.1

【縫製重點】
前襟開口部分為簡單的貼邊設計。於貼邊的背面貼襯，至身片的釦眼部分為止。袖口為穿脫容易、車縫也容易的鬆緊帶抽縐設計。

【縫製順序】
❶後身片製作細褶、並與後剪接縫合固定（請參考p.96的❸）。
❷縫合肩線，並處理貼邊的邊端。
❸製作領子。
❹將領子縫合於身片，並整燙貼邊。
❺車縫脇邊，並處理開衩。
❻下襬三摺邊以珠針固定，從領口的領止點開始車縫至前端、下襬、脇邊為止。
❼製作袖子。
❽將袖子縫合於身片。
❾將鬆緊帶穿入袖口。
❿開釦眼，縫合鈕釦，即完成。（請參考p.65的❽，釦眼的方向為：第一個鈕眼為水平方向，其餘均為垂直方向）。

裁布圖

※將紙型放置於布料的表面，並進行裁剪。
※除指定處之外，其他縫份皆為1cm。
※尺寸從上至下為90／100／110／120／130／140 尺寸。
※圖示紅色點點的部分為貼襯部分（請參考p.51）。

〈配布〉

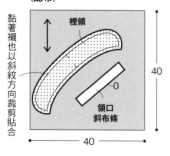

黏著襯也以斜紋方向裁剪貼合
裡領
領口斜布條
40
40

〈表布〉

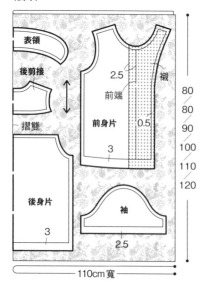

表領
後剪接
摺雙
後身片
2.5
前端
襯
前身片
0.5
3
3
80 / 80 / 90 / 100 / 110 / 120
袖
2.5
110cm 寬

縫製順序

❷縫合肩線

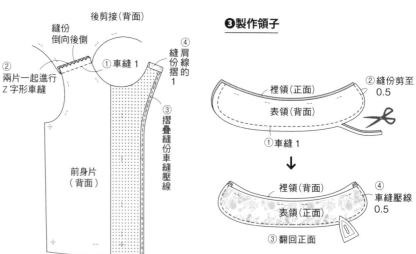

後剪接（背面）
縫份倒向後側
②兩片一起進行Z字形車縫
①車縫1
④肩線摺的1
③摺疊縫份車縫壓線
前身片（背面）

❸製作領子

裡領（正面）
表領（背面）
②縫份剪至0.5
①車縫1
↓
裡領（背面）
表領（正面）
③翻回正面
④車縫壓線 0.5

❹將領子縫合於身片，並整燙貼邊

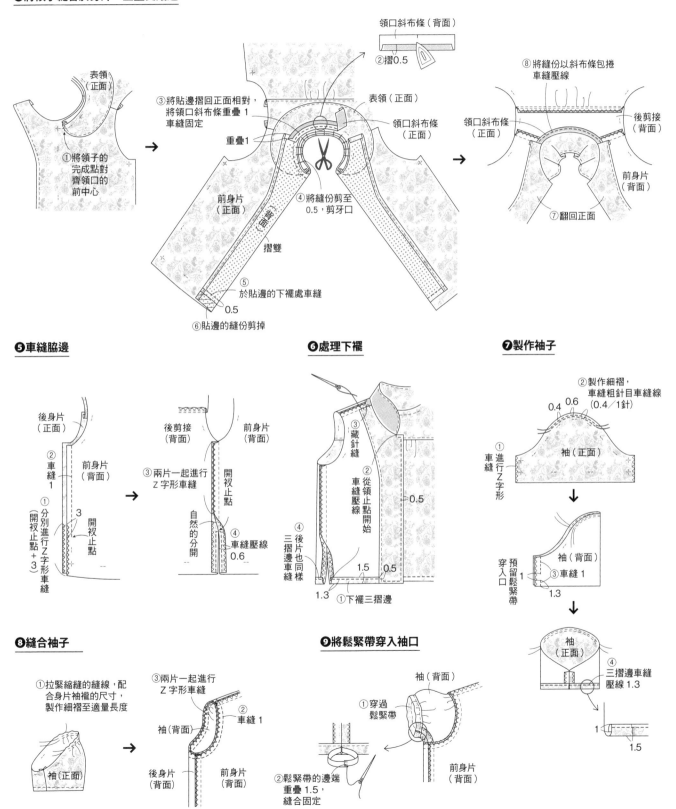

❺車縫脇邊

❻處理下襬

❼製作袖子

❽縫合袖子

❾將鬆緊帶穿入袖口

14, 34

no.14，34傘狀圓裙

p.18／原寸紙型 B 面

【14 材料】（※尺寸從左至右為 90／100／110／120／130／140 尺寸）
表布（紫色亞麻布料）120cm 寬…70／70／80／80／90／125cm
配布（印花圖案）110cm 寬…30cm

【34 材料】
表布（芥末色的細燈芯絨）105cm 寬…80／90／100／125／140／155cm

【共通材料】
寬 5mm 鬆緊帶…42.5／44／46／48／50／52cm 2 條
寬 20mm 止伸襯布條（半斜紋型・口袋口用）…20cm

尺寸	90	100	110	120	130	140
腰圍	61.8	65.8	69.8	73.8	77.8	81.8
裙長	23.4	26.4	29.4	32.4	35.4	38.4

【縫製重點】
腰圍以另外的配布裁剪搭配，成品更顯整潔清爽。剪接可以有效率的放置裁剪，所以更節省布料。下襬是圓弧形，所以自然形成斜紋縐褶，而無需另外打褶子。因為裙身為正斜紋，容易過度拉伸，請注意車縫時不要拉長了裙子，要小心車縫。

【縫製順序】
❶前裙片的右脇邊縫份，將止伸襯布條以熨斗熨燙貼合。縫合前裙片的右脇邊，並製作口袋。
❷縫合裙子的左脇邊與前後中心。
❸下襬進行三摺邊車縫。
❹縫合腰帶的脇邊。
❺將腰帶縫合於裙身，穿入2條鬆緊帶，即完成。

縫製順序

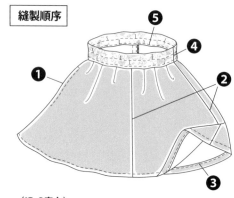

裁布圖

※將紙型放置於布料的表面，並進行裁剪。
※除指定處之外，其他縫份皆為1cm。
※尺寸從上至下為90／100／110／120／130／140 尺寸。
※斜線部分為貼合止伸襯布條（請參考p.51）。

〈14配布〉

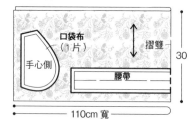

〈34表布〉

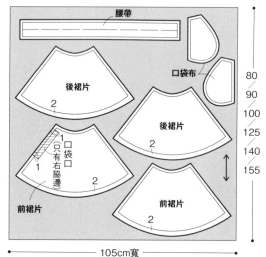

〈14表布〉

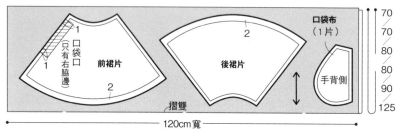

❶縫合右脇邊，製作口袋

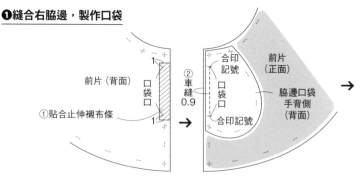

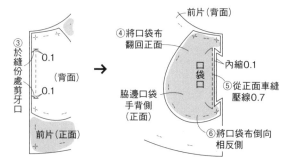

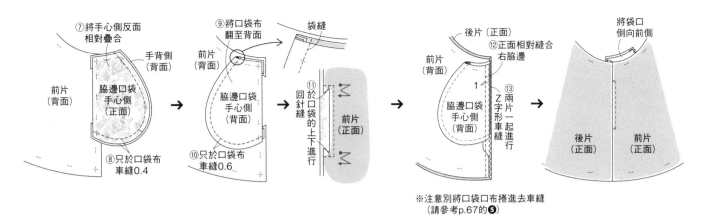

⑦將手心側反面相對疊合

手背側（背面）

前片（背面）

脇邊口袋手心側（正面）

⑧只於口袋布車縫0.4

⑨將口袋布翻至背面

前片（背面）

脇邊口袋手心側（背面）

⑩只於口袋布車縫0.6

袋縫

⑪於口袋的上下進行回針縫

前片（正面）

※注意別將口袋口布捲進去車縫（請參考p.67的❺）

後片（正面）

⑫正面相對縫合右脇邊

前片（背面）

脇邊口袋手心側（背面）

⑬兩片一起進行Z字形車縫

1

將袋口倒向前側

後片（正面） 前片（正面）

❷縫合左脇邊與前後中心

❸處理下襬

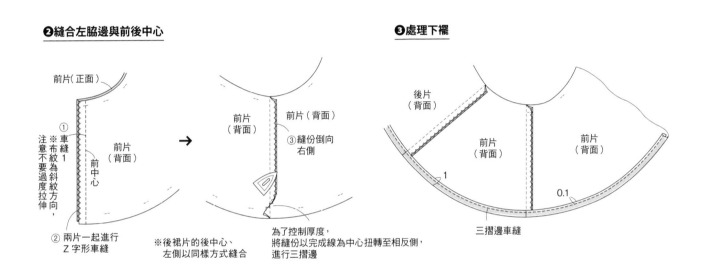

前片（正面）

① ※車縫1注意布紋為斜紋方向，注意不要過度拉伸

前中心

前片（背面）

② 兩片一起進行Z字形車縫

前片（背面）

前片（背面）

③縫份倒向右側

※後裙片的後中心、左側以同樣方式縫合

為了控制厚度，將縫份以完成線為中心扭轉至相反側，進行三摺邊

後片（背面）

前片（背面）

前片（背面）

1

0.1

三摺邊車縫

❹縫合腰帶的脇邊

❺接縫腰帶，穿入鬆緊帶

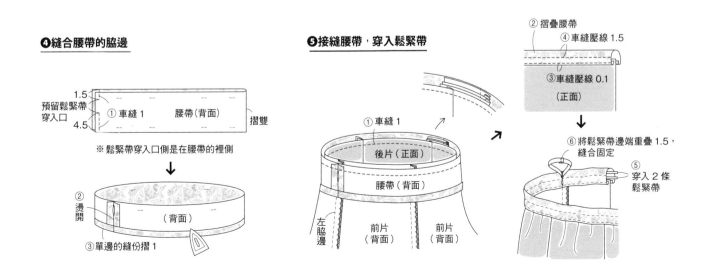

1.5

預留鬆緊帶穿入口

4.5

① 車縫1 腰帶（背面）

摺雙

※鬆緊帶穿入口側是在腰帶的裡側

② 邊開

（背面）

③單邊的縫份摺1

① 車縫1

後片（正面）

腰帶（背面）

左脇邊

前片（背面） 前片（背面）

② 摺疊腰帶

④ 車縫壓線1.5

③車縫壓線0.1

（正面）

⑥ 將鬆緊帶邊端重疊1.5，縫合固定

⑤ 穿入2條鬆緊帶

no.16 無袖花邊洋裝

p.20／原寸紙型 B 面

【材料】（※尺寸從左至右為 90／100／110／120／130／140 尺寸）
表布（奶油色的細燈芯絨）100cm 寬
…100／110／120／130／140／150cm
配布（印花圖案）80cm 寬…30／30／40／40／40／40cm
黏著襯（前後剪接，前後貼邊）80cm 寬…30／30／40／40／40／40cm

尺寸	90	100	110	120	130	140
胸圍	93.1	97.1	101.1	105.1	109.1	113.1
衣長	44.2	49.2	54.2	59.2	64.2	69.2

【縫製重點】
為了使家用縫紉機也能車縫得很漂亮，此款式使用布邊都隱藏起來的處理方式。因此布邊牢固且不容易鬚邊，以洗衣機洗滌也沒問題。荷葉邊的邊端以「三捲邊車縫」處理，若是家裡有「捲邊壓布腳」的附件，以此壓布腳車縫邊端，將會使得車縫作業更順暢。

【縫製順序】
❶前身片製作細褶後，與前剪接縫合固定。※將製作細褶的身片朝上，使用錐子一點一點的推動進行車縫。
❷後身片製作細褶後，與後剪接縫合固定。
❸縫合前身片與後身片的肩線。
❹荷葉邊的邊端以三捲邊車縫的方式處理。
❺荷葉邊製作細褶後，與前後袖襱斜布條一起車縫固定於身片。
❻縫合貼邊的肩線後，並將表身片與貼邊縫合。
❼身片的脇邊以包邊縫的方式處理（請參考p.85的❻）。
❽下襬進行三摺邊車縫，即完成。

裁布圖

※將紙型放置於布料的表面，並進行裁剪。
※除指定處之外，其他縫份皆為1cm。
※尺寸從上至下為90／100／110／120／130／140 尺寸。
※圖示紅色點點的部分為貼襯部分（請參考p.51）。

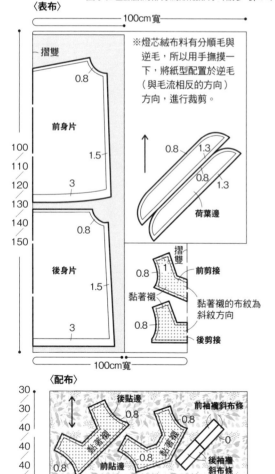

縫製順序

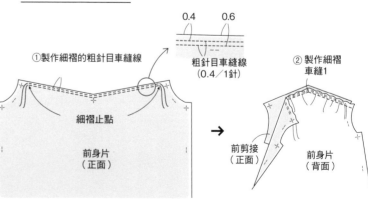

❶縫合前身片與前肩片

❷後身片與後肩片縫合固定

① 製作細褶的粗針目車縫線

細褶止點

後身片（正面）

後剪接（正面）

後身片（背面）　② 製作細褶　車縫 1

❸縫合肩線

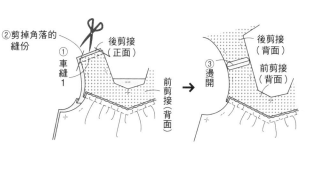

② 剪掉角落的縫份

① 車縫 1

後剪接（正面）

前剪接（背面）

③ 燙開

後剪接（背面）

前剪接（背面）

❹處理荷葉邊的邊端

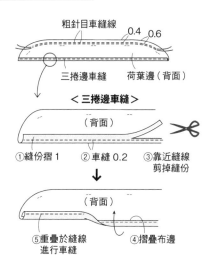

粗針目車縫線　0.4　0.6

三捲邊車縫　荷葉邊（背面）

＜三捲邊車縫＞

（背面）

① 縫份摺 1　② 車縫 0.2　③ 靠近縫線剪掉縫份

（背面）

⑤ 重疊於縫線進行車縫　④ 摺疊布邊

❺將荷葉邊、前後袖襱的斜布條縫合於身片

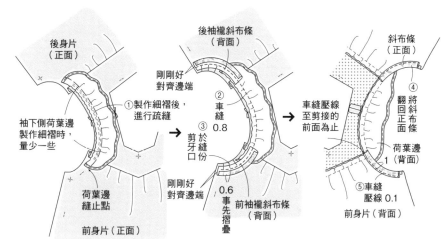

後身片（正面）

① 製作細褶後，進行疏縫

袖下側荷葉邊製作細褶時，量少一些

荷葉邊縫止點

前身片（正面）

剛剛好對齊邊端

後袖襱斜布條（背面）

剛剛好對齊邊端

② 車縫 0.8

剪牙口於縫份

0.6　事先摺疊

前袖襱斜布條（背面）

斜布條（正面）

④ 將斜布條翻回正面

車縫壓線至剪接的前面為止

荷葉邊（背面）

⑤ 車縫壓線 0.1

前身片（背面）

❻縫合表身片與貼邊

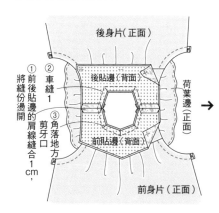

後身片（正面）

① 將前後貼邊的肩線縫合 1 cm，② 車縫 1　③ 角落地方剪牙口　將縫份翻開

後貼邊（背面）

前貼邊（背面）

荷葉邊（正面）

後身片（背面）　⑥ 從表側開始車縫壓線 0.3

④ 將貼邊翻至裡側，周圍的縫份摺疊 1

後貼邊（正面）

⑤ 疏縫

前貼邊（正面）

前身片（背面）

前身片（正面）

❽車縫下襬

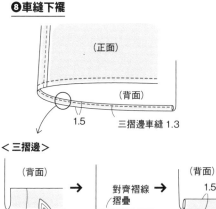

（正面）

（背面）

1.5　三摺邊車縫 1.3

＜三摺邊＞

（背面）

摺疊 3

對齊褶線摺疊

（背面）

1.5

向上摺疊

no.17 蝴蝶結罩衫

p.22／原寸紙型 C 面

【材料】（※尺寸從左至右為 90／100／110／120／130／140 尺寸）
表布（淺紫色亞麻布料）110cm 寬…90／100／110／120／120／130cm

尺寸	90	100	110	120	130	140
胸圍	80.8	84.8	88.8	92.8	96.8	100.8
衣長	43.2	46.2	49.2	52.2	55.2	58.2
袖長	9.2	10.2	11.2	12.2	13.2	14.2

【縫製重點】
領口部分是以滾邊條處理的設計，看起來非常雅緻也方便洗滌。身片的細褶至袖襱處的細褶止點之前就好，不要將縐褶推至兩邊端。這樣不僅方便車縫，成品也較為俐落漂亮。肩片與身片縫合固定時，將製作好細褶的身片朝上，使用錐子將布料一點一點的推動進行車縫。

【縫製順序】
❶將後剪接的開口邊端三摺邊車縫，左右身片的後中心重疊後縫合固定。
❷於前後身片的縫份製作細褶。
❸縫合剪接與身片，從表側車縫壓線。
❹縫合身片的肩線。
❺將滾邊布條縫合於領口。※因為滾邊布條較長，為了方便車縫，不要被捲入壓布腳下，請將多餘的滾邊條以珠針固定於身片。
❻將袖子縫合於身片。
❼縫合袖下與脇邊。　※將袖襱的縫份部分前、後互相錯開倒向相反側，這樣會使布料的厚度均等消除並減少段差，車縫時將不會輕易錯位，成品會更漂亮。
❽袖口與下襬進行三摺邊車縫，即完成。

縫製順序

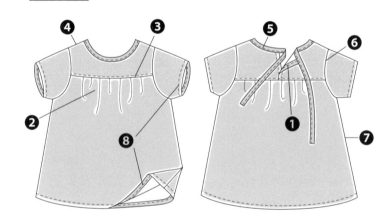

裁布圖

※將紙型放置於布料的表面，並進行裁剪。
※除指定處之外，其他縫份皆為1cm。
※尺寸從上至下為90／100／110／120／130／140 尺寸。

〈表布〉

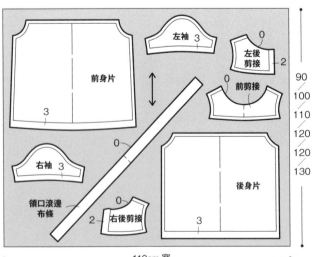

❶縫合後剪接

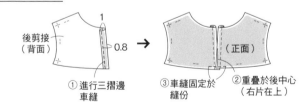

後剪接（背面）
0.8
（正面）
①進行三摺邊車縫
②重疊於後中心（右片在上）
③車縫固定於縫份

❷於前後身片作好細褶

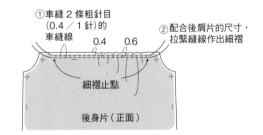

①車縫 2 條粗針目（0.4／1 針）的車縫線
②配合後肩片的尺寸，拉緊縫線作出細褶
0.4　0.6
細褶止點
後身片（正面）

❸縫合剪接與身片

朝上車縫
將有細褶的後身片
車縫時，

①車縫 1

②兩片一起進行
Z 字形車縫

後剪接（背面）

後身片（正面）

→

（正面）
0.5

縫份倒向剪接側

③從表側車縫壓線

※前剪接與前身片也以相同方式車縫

❹縫合身片的肩線

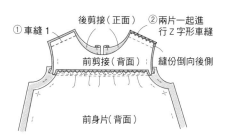

①車縫 1

後剪接（正面）

前剪接（背面）

②兩片一起進行 Z 字形車縫

縫份倒向後側

前身片（背面）

❺將滾邊布條縫合於領口

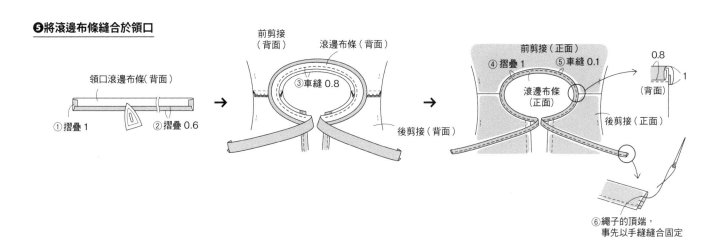

領口滾邊布條（背面）

①摺疊 1

②摺疊 0.6

→

前剪接（背面）

滾邊布條（背面）

③車縫 0.8

→

後剪接（背面）

前剪接（正面）

④摺疊 1

⑤車縫 0.1

滾邊布條（正面）

後剪接（正面）

0.8

1

（背面）

⑥繩子的頂端，
事先以手縫縫合固定

❻將袖子縫合於身片

後身片（背面）

①車縫 1

袖（背面）

②兩片一起進行 Z 字形車縫

不要被捲入壓布腳下誤車，
事先以珠針固定

前剪接（背面）

前身片（背面）

❼縫合袖下與脇邊

袖（背面）

①車縫 1

②兩片一起進行 Z 字形車縫

將袖襱的縫份前後相互錯開，車縫線較不容易錯開位置

前身片（背面）

後身片（正面）

❽縫合袖口與下襬

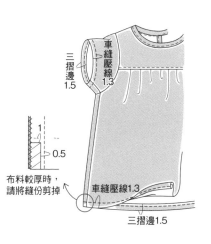

車縫壓線 1.3

三摺邊 1.5

1

0.5

布料較厚時，請將縫份剪掉

車縫壓線 1.3

三摺邊 1.5

no.18 褶襉寬肩帶背心

p.24／原寸紙型 C 面

【材料】（※尺寸從左至右為 90／100／110／120／130／140 尺寸）
表布（印花圖案）110cm 寬…60／70／70／80／90／90cm
配布（紫色亞麻布料）80cm 寬…30cm
※ 若是不使用配布，與表布相同也可以（不使用配布時，請將表布的用量多
加 10cm）。
黏著襯（肩帶／前貼邊／肩帶貼邊）110cm 寬…30cm

尺寸	90	100	110	120	130	140
胸圍	72.6	76.6	80.6	84.6	88.6	92.6
衣長(CB)	30.1	33.1	36.1	39.1	42.1	45.1

【縫製重點】
此款是以隱藏布邊的處理方式製作，即便使用家用縫紉機也可以整齊漂亮
地車縫完成。因此布邊不會鬚邊，經久耐用並適合洗滌。如果身片使用素
面的布料，褶子更能展現出不同的韻味。肩帶與貼邊貼襯後，成品更為筆
挺有型。

【縫製順序】
❶縫合肩帶與肩帶貼邊。
❷後身片的袖襱以斜布條處理（於背面以斜布條處理），並摺疊褶子。
❸將肩帶、貼邊縫合於後身片。
❹摺疊前身片的褶子，並疏縫固定。
※如果是很薄而且會留下針孔的布料，請使用細的縫線疏縫固定。
❺將肩帶、前貼邊縫合於前身片，袖襱以斜布條處理（於背面以斜布條處
理）。
❻脇邊以包邊縫的方式處理。
❼下襬三摺邊車縫，即完成。（請參考p.81的❽）。

裁布圖

※將紙型放置於布料的表面，並進行裁剪。
※除指定處之外，其他縫份皆為1cm。
※尺寸從上至下為 90／100／110／120／130／140 尺寸。
※圖示紅色點點的部分為貼襯部分（請參考P.51）。

〈配布〉

前袖襱斜布條　後袖襱斜布條

摺雙　黏著襯　肩帶　摺雙　前貼邊　黏著襯

0　0

30

80cm 寬

〈表布〉

摺雙　肩帶貼邊　摺雙　黏著襯

0.8　0.8

後身片　前身片

1.5　1.5

3　3

60／70／70／80／90／90

110cm寬

縫製順序

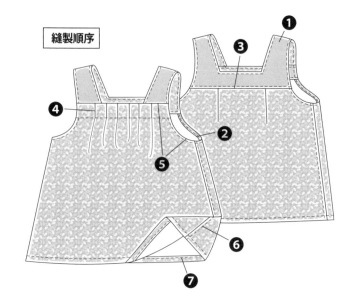

❶縫合肩帶與肩帶貼邊

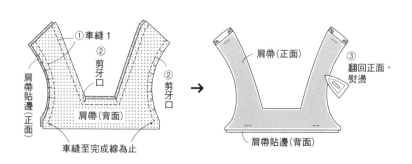

①車縫 1
②剪牙口
②剪牙口
肩帶貼邊（正面）
肩帶（背面）
車縫至完成線為止

肩帶（正面）
③翻回正面，熨燙
肩帶貼邊（背面）

❷處理後身片的袖襱,摺疊褶子

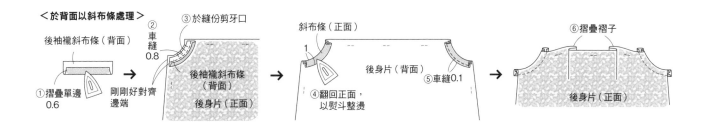

＜於背面以斜布條處理＞

後袖襱斜布條(背面)

① 摺疊單邊 0.6

② 車縫 0.8

剛剛好對齊邊端

③ 於縫份剪牙口

後袖襱斜布條(背面)

後身片(正面)

斜布條(正面)

1

④ 翻回正面,以熨斗整燙

後身片(背面)

⑤ 車縫0.1

⑥ 摺疊褶子

後身片(正面)

❸將肩帶、貼邊縫合於後身片

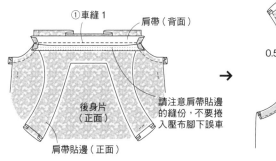

① 車縫 1

肩帶(背面)

後身片(正面)

肩帶貼邊(正面)

請注意肩帶貼邊的縫份,不要捲入壓布腳下誤車

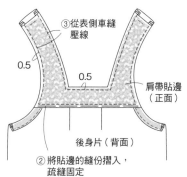

③ 從表側車縫壓線

0.5

0.5

肩帶貼邊(正面)

後身片(背面)

② 將貼邊的縫份摺入,疏縫固定

❹摺疊前身片的褶子

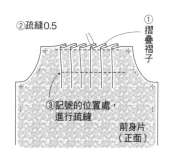

② 疏縫0.5

① 摺疊褶子

③ 記號的位置處,進行疏縫

前身片(正面)

❺將肩帶、前貼邊縫合於前身片,處理袖襱

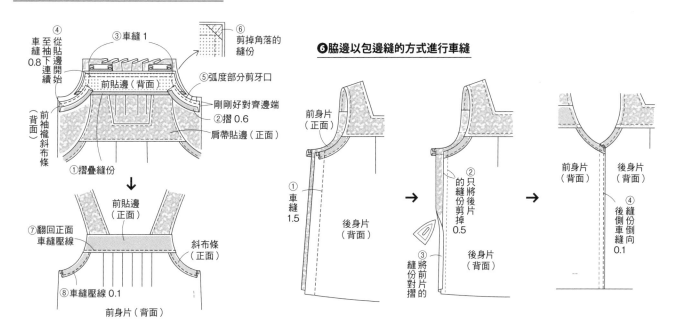

④ 從貼邊開始至袖下連續 車縫 0.8

前袖襱斜布條(背面)

③ 車縫 1

前貼邊(背面)

① 摺疊縫份

⑥ 剪掉角落的縫份

⑤ 弧度部分剪牙口

剛剛好對齊邊端

② 摺 0.6

肩帶貼邊(正面)

⑦ 翻回正面 車縫壓線

前貼邊(正面)

斜布條(正面)

⑧ 車縫壓線 0.1

前身片(背面)

❻脇邊以包邊縫的方式進行車縫

前身片(正面)

① 車縫 1.5

後身片(背面)

② 只將後片的縫份剪掉 0.5

③ 將前片的縫份對摺的

後身片(背面)

前身片(背面)

後身片(背面)

④ 縫份倒向 後側 車縫 0.1

no.19 抽褶褲裙

p.25／原寸紙型 D 面

【材料】（※尺寸從左至右為 90／100／110／120／130／140 尺寸）
表布（米色亞麻布料）110cm 寬…90／100／110／120／120／120cm
配布（印花圖案）20cm 寬…30cm
寬 15mm 止伸襯布條（半斜紋型，用於股上）…90／90／
100／100／110／110cm、寬 20mm 止伸襯布條（半斜紋型／用於口袋）
…15cm
寬 5mm 鬆緊帶…42.5／44／46／48／50／52cm 2 條
寬 5mm 緞帶（前中心的裝飾）…15cm

尺寸	90	100	110	120	130	140
腰圍	109.9	113.9	117.9	122.9	127.9	132.9
總長(CF)	28.2	29.2	30.2	31.2	32.2	33.2

【縫製重點】
腰圍與褲子的身片連接在一起，此設計的製作作業可以短時間內完成。股上
在動作時經常被拉扯，股下部分就會容易變脆弱，因此在股上縫份處貼合止
伸襯布條，可以減少股上過份拉伸。
股下的傾斜度較少、較容易車縫。因此先車縫股下，可以改善股上、股下難
車縫的弧度部分，變得較容易完成。

【縫製順序】
❶縫合右脇邊，並製作口袋（請參考 p.78 的❶ ）。
❷縫合左脇邊，並預留鬆緊帶穿入口。
❸縫合股下。
❹縫合股上。※ 將股下的縫份部分左、右互相錯開倒向相反側，
　這樣會使布料的厚度均等消除並減少段差，車縫時將不會輕易打滑錯位，
　成品更漂亮。
❺將下襬三摺邊，並車縫壓線（請參考 p.81 頁上的❽ ）。
❻將腰圍三摺邊，並車縫壓線後，穿入兩條鬆緊帶。
❼製作一個蝴蝶結，將其縫在正面的前中心，請避免車到鬆緊帶，即完成。

縫製順序

〈配布〉

裁布圖

※將紙型放置於布料的表面，並進行裁剪。
※除指定處之外，其他縫份皆為1cm。
※尺寸從上至下為90／100／110／120／130／140尺寸。
※斜線部分為貼上止伸襯布條（請參考p.51）。

〈表布〉

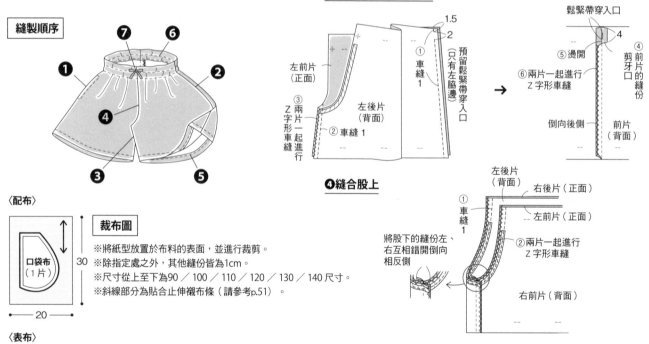

❷❸縫合左脇邊與股下

❹縫合股上

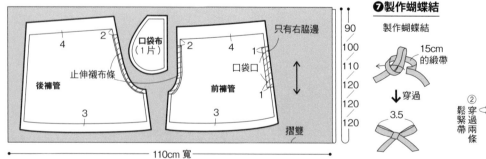

❼製作蝴蝶結

❻處理腰圍

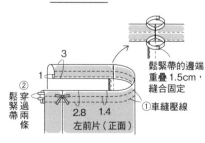

no.20 圓領片連身裙

p.26／原寸紙型 F 面

【材料】

表布（混亞麻的軟質丹寧布）110cm 寬…130 / 140 / 150 / 160 / 170 / 180cm
黏著襯…（用於裡領／接縫袖片）70cm 寬…40 / 40 / 40 / 40 / 50 / 50cm
13mm 的鈕釦…6 個

尺寸	90	100	110	120	130	140
胸圍	80.9	84.9	88.9	92.9	96.9	100.9
衣長	47	52	57	62	67	72

【縫製重點】

口袋的圓弧形部分，可以使用剪成口袋形狀的厚紙板，再以熨斗整燙出漂
亮的口袋曲線。前端的下襬縫份部分，為了減少厚度，請將多餘的縫份剪掉
後，再處理下襬。袖口布的部分，非常容易錯位，因此先疏縫固定後，再進
行車縫壓線。

【縫製順序】

❶製作口袋，並縫合於前身片。
❷製作領子。
❸縫合後中心，車縫裝飾線。
❹肩線以包邊縫的方式處理（請參考p.68的❷）。

裁布圖

※將紙型放置於布料的表面，並進行裁剪。
※除指定處之外，其他縫份皆為1cm。
※尺寸從上至下為90 / 100 / 110 / 120 /
　130 / 140 尺寸。
※圖示紅色點點的部分為貼襯部分（請參考p.51）。

〈表布〉

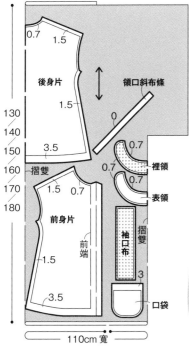

❺縫合領子後，再縫合前端。
❻脇邊以包邊縫的方式處理（請參考 p.85 的❻）。
❼製作袖口布後，縫合於袖口。
❽下襬三摺邊車縫。
❾製作釦洞後，縫合鈕釦（請參考 p.65 的❽），釦眼的的方向為：
　第一個鈕眼為水平方向，其餘均為垂直方向）。

縫製順序

❶製作口袋，並縫合於前身片

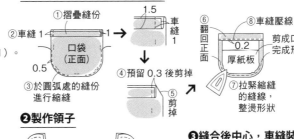

❷製作領子

❸縫合後中心，車縫裝飾線

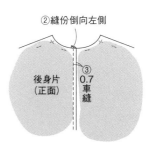

❺縫合領子後，再縫合前端

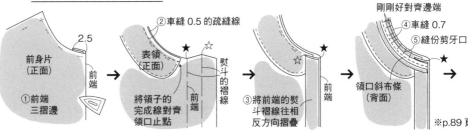

※p.89 頁繼續

32 no.32 襯衫式長袖連身裙
p.38／原寸紙型 F 面

【材料】（※尺寸從左至右為 90／100／110／120／130／140 尺寸）
表布（有刺繡的薄燈芯絨）98cm 寬…140／150／190／200／210／230cm
黏著襯…（用於裡領）…40×40cm
寬 20mm 止伸襯布條（半斜紋型，用於口袋口）…30cm
13mm 鈕釦…2 個
寬 6mm 鬆緊帶…14／14／15／15／16／16cm 2 條

尺寸	90	100	110	120	130	140
胸圍	89.6	93.6	97.6	101.6	105.6	109.6
衣長	47	52	57	62	67	72
袖長	23	27	31	35	39	43

【縫製重點】
確保不要弄錯上前襟與下前襟，再進行車縫。為了保持領子的形狀，只有裡領貼上黏著襯。車縫領子時，將身片的細褶均勻分布，並將身片側朝向上，以錐子一點一點推動進行車縫。袖口穿入鬆緊帶。

【縫製順序】
❶製作胸前口袋，並縫合於前身片（請參考 p.63 的❸）。
❷接縫脇邊口袋（請參考 p.66 的❶）。
❸製作領子。
❹製作後身片的細褶。
❺於前身片剪牙口，並縫合前襟貼邊。
❻縫合肩線（請參考 p.76 的❷）。
❼縫合領子，並完成前襟。
❽接縫袖子（請參考 p.83 的❻）。
❾袖下車縫至脇邊（p.83 的❼、鬆緊帶穿入口 請參考 p.97 的❾）。
※ 將袖襬的縫份部分前、後互相錯開倒向相反側，這樣會使布料的厚度均等並減少段差，車縫時將不會輕易錯位，成品會更漂亮。
❿袖口與下襬進行三摺邊車縫（請參考：袖口 P.97 的❾．下襬 P.89 的 no.20 的❺）。
⓫將袖口穿入鬆緊帶。
⓬製作釦洞後，縫合鈕釦，即完成（請參考 p.65 的❽）。

裁布圖

※將紙型放置於布料的表面，並進行裁剪。
※除指定處之外，其他縫份皆為1cm。
※尺寸從上至下為90／100／110／120／130／140 尺寸。
※圖示紅色點點的部分為貼襯部分（請參考p.51）。

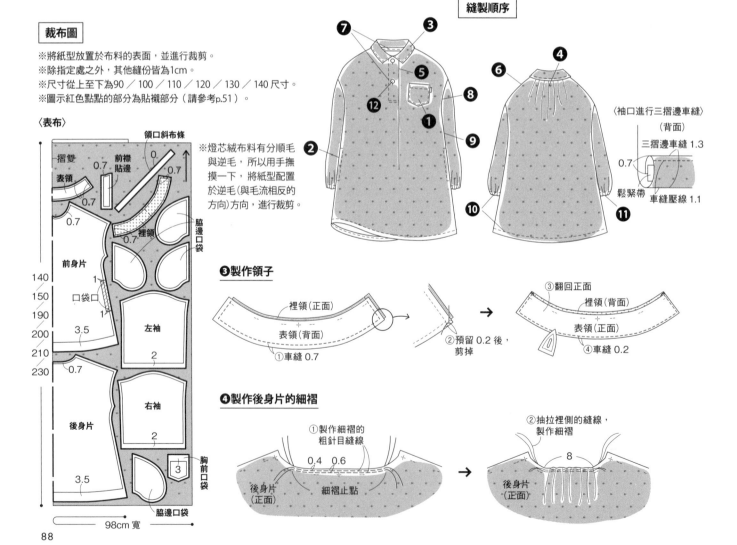

〈表布〉

※燈芯絨布料有分順毛與逆毛，所以用手撫摸一下，將紙型配置於逆毛（與毛流相反的方向）方向，進行裁剪。

縫製順序

❸製作領子

❹製作後身片的細褶

接續 no.20 的 ❺

❼製作袖口布後，縫合於袖口

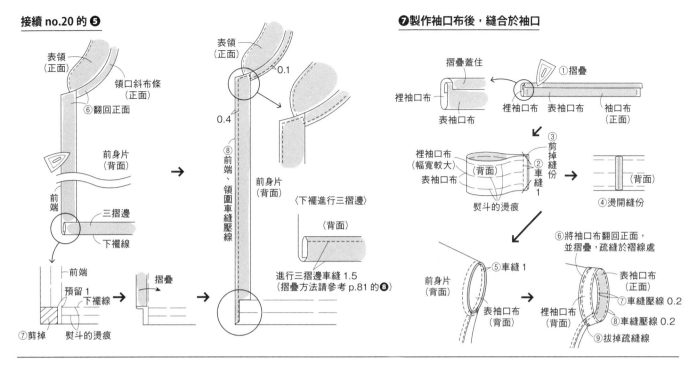

表領（正面）
領口斜布條（正面）
⑥翻回正面
前身片（背面）
前端
三摺邊
下襬線
⑦剪掉
熨斗的燙痕

表領（正面）
0.1
0.4
⑧前端、領圍車縫壓線
前身片（背面）
〈下襬進行三摺邊〉
（背面）
進行三摺邊車縫 1.5
（摺疊方法請參考 p.81 的 ❽）

前端
預留 1
下襬線
摺疊

摺疊蓋住
裡袖口布
裡袖口布
表袖口布
①摺疊
袖口布（正面）

裡袖口布（幅寬較大）
表袖口布（背面）
③剪掉縫份
②車縫 1
熨斗的燙痕
（背面）
④燙開縫份

⑥將袖口布翻回正面，並摺疊，疏縫於摺線處
前身片（背面）
⑤車縫 1
表袖口布（正面）
裡袖口布（背面）
⑦車縫壓線 0.2
⑧車縫壓線 0.2
⑨拔掉疏縫線

---

no.32 ❺於前身片剪牙口，並縫合前襟貼邊

❼縫合領子，並完成前襟

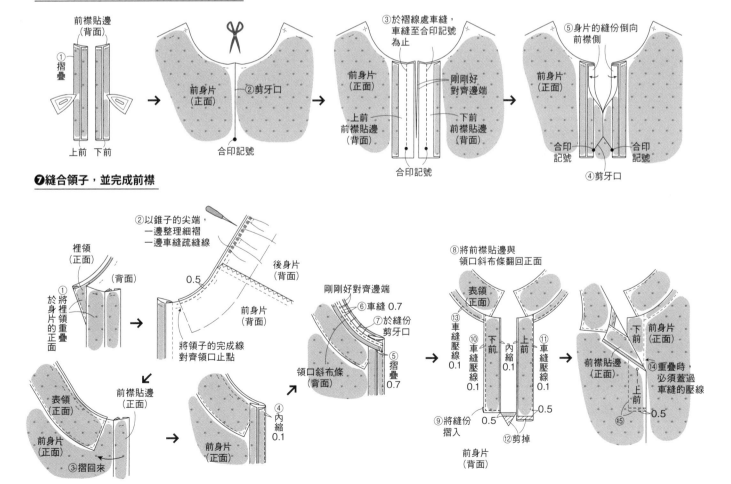

前襟貼邊（背面）
①摺疊
上前 下前

前身片（正面）
②剪牙口
合印記號

③於摺線處車縫，車縫至合印記號為止
前身片（正面）
上前 前襟貼邊（背面）
剛剛好對齊邊端
下前 前襟貼邊（背面）
合印記號

⑤身片的縫份倒向前襟側
前身片（正面）
合印記號 合印記號
④剪牙口

裡領（正面）（背面）
①將裡領於身片的正面重疊

②以錐子的尖端，一邊整理細褶一邊車縫疏縫線
0.5
後身片（背面）
前身片（背面）
將領子的完成線對齊領口止點

表領（正面）
前身片（正面）
③摺回來
前襟貼邊（正面）

前身片（正面）
④內縮 0.1

剛剛好對齊邊端
⑥車縫 0.7
⑦於縫份剪牙口
⑤摺疊 0.7
領口斜布條（背面）

⑧將前襟貼邊與領口斜布條翻回正面
表領（正面）
⑬車縫壓線 0.1
下前 上前
⑩車縫壓線 0.1 內縮 0.1 ⑪車縫壓線 0.1
⑨將縫份摺入
⑫剪掉
0.5 0.5
前身片（背面）

下前
前身片（正面）
前襟貼邊（正面）
上前
⑭重疊時，必須蓋過車縫的壓線
⑮
0.5

no.22 日常長版上衣

p.30／原寸紙型 C 面

【材料】（※尺寸從左至右為 90／100／110／120／130／140 尺寸）
表布（紫色雙層紗布料）110cm 寬…100／110／120／130／150／160cm
配布（印花圖案）70cm 寬…30cm
黏著襯（用於前後貼邊，口袋口滾邊條，襠布）70cm 寬…30cm
直徑 12mm 的裝飾鈕釦…2 個・直徑 10mm 的暗釦…2 組

尺寸	90	100	110	120	130	140
胸圍	80.8	84.8	88.8	92.8	96.8	100.8
衣長	48.2	51.2	54.2	57.2	60.2	63.2
袖長	21.1	25.1	29.1	33.1	37.1	41.1

【縫製重點】
背後開口縫製暗釦，即使是不擅長開釦洞的人，也可以輕鬆地完成。容易產生段差的後剪接重疊部分，配合布料的厚度，將左右後剪接錯開後，再與後身片縫合。注意不要使領圍移動錯位，進行車縫即完成。身片的細褶至袖襱處（細褶止點）之前就好，不要將細褶推至兩邊端。這樣不僅方便車縫，成品也較為俐落漂亮。將細褶的身片朝上，使用錐子一點一點的推動進行車縫。

裁布圖

※將紙型放置於布料的表面，並進行裁剪。
※除指定處之外，其他縫份皆為1cm。
※尺寸從上至下為90／100／110／120／130／140 尺寸。
※圖示紅色點點的部分為貼襯部分（請參考p.51）。

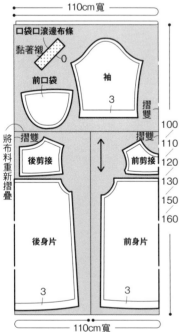

〈表布〉
110cm 寬
口袋口滾邊布條
黏著襯
前口袋
袖
將布料重新摺疊
摺雙
後剪接
前剪接
後身片
前身片
3
3
110cm寬
100
110
120
130
150
160

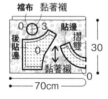

〈配布〉
襠布　黏著襯
後貼邊
貼邊
黏著襯
70cm
30

【縫製順序】
❶製作口袋。
❷將口袋縫合固定於前身片。　※由於口袋的開口會經常受力，如果布料太薄，請在口袋口的裡側貼上黏著襯，再與襯布一起車縫。
❸前後剪接與貼邊的肩線各自車縫，並將縫份燙開。
❹縫合剪接與貼邊。
❺製作前後身片細褶（請參考p..82 的❷）。
❻縫合剪接與身片（請參考p.82 的❸）。
❼將袖子接縫於身片。
❽縫合袖下與脇邊。　※將袖襱的縫份部分前、後互相錯開倒向相反側，這樣會使布料的厚度均等並減少段差，車縫時不會輕易錯位，成品會更漂亮。
❾袖口與下襬進行三摺邊車縫。※布料較厚時，請將縫份剪掉（請參考p.83 的❽）。
❿於後領開口的裡側縫合暗釦，並在表側縫上裝飾鈕釦，即完成。

縫製順序

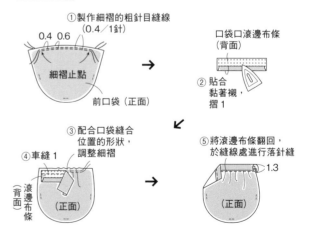

❶製作口袋

①製作細褶的粗針目縫線
（0.4／1針）
0.4　0.6
細褶止點
前口袋（正面）

口袋口滾邊布條（背面）
②貼合黏著襯，摺1

③配合口袋縫合位置的形狀，調整細褶
④車縫1
滾邊布條（背面）
（正面）

⑤將滾邊布條翻回，於縫線處進行落針縫
1.3
（正面）

※落針縫……將車針落在「接縫的分界線」之間進行車縫的縫製方法。

❷縫合固定口袋

前身片（正面）

口袋口的
背面裡側縫合襯布

車縫0.2

襯布
（將貼有黏著襯的布料，
剪成圓形當成襯布）

（背面）

❸縫合剪接與貼邊的肩線

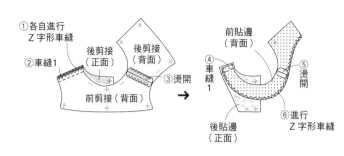

①各自進行
Z字形車縫

②車縫1

後剪接
（正面）

後剪接
（背面）

前剪接（背面）

③燙開

前貼邊
（背面）

④車縫1

⑤燙開

後貼邊
（正面）

⑥進行
Z字形車縫

❹縫合剪接與貼邊

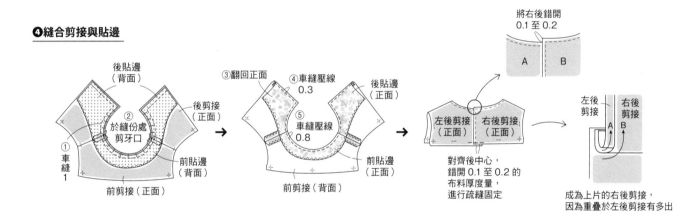

後貼邊
（背面）

②
於縫份處
剪牙口

後剪接
（正面）

①車縫1

前貼邊
（背面）

前剪接（正面）

③翻回正面

④車縫壓線
0.3

⑤車縫壓線
0.8

後貼邊
（正面）

前貼邊
（正面）

前剪接（背面）

將右後錯開
0.1至0.2

A　B

左後剪接
（正面）

右後剪接
（正面）

對齊後中心，
錯開0.1至0.2的
布料厚度量，
進行疏縫固定

左後
剪接

右後
剪接

A　B

成為上片的右後剪接，
因為重疊於左後剪接有多出
摺疊量，反摺時有必要計算
多出布料的厚度量，
將其分量事先預留下來

↓

若有將其分量事先預留下來，
反摺時就可以與領圍
剛剛好對齊

❼將袖子縫合於身片

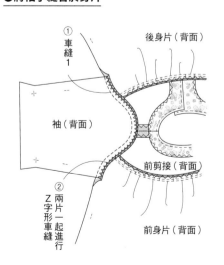

①車縫1

後身片（背面）

袖（背面）

②兩片一起進行Z字形車縫

前剪接（背面）

前身片（背面）

❽縫合袖下與脇邊

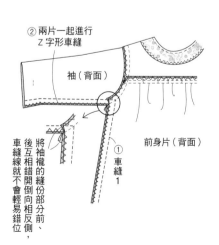

②兩片一起進行
Z字形車縫

袖（背面）

將袖襱的縫份部分前、
後互相錯開倒向相反側、
車縫線就不會輕易錯位，

前身片（背面）

①車縫1

23 no.23 六分內搭褲
p.30／原寸紙型 D 面

24 no.24 全長內搭褲
p.31／原寸紙型 D 面

【23 材料】（※尺寸從左至右為 90／100／110／120／130／140 尺寸）
表布（米色印花雙面針織布料）170cm 寬…50／60／60／70／70／70cm
配布（米色雙面針織布料）60cm 寬…20cm

【24 材料】
表布（粉紅色彈性針織布）170cm 寬…60／70／70／80／80／90cm

【共通材料】
寬 15mm 的鬆緊帶…42.5／44／46／48／50／52cm
補強用彈性織帶（用於股上）…60／60／70／70／70／70cm
寬 5mm 緞帶（前中心裝飾）…15cm

※雙面針織布料…具有光滑感的雙面針織布料，常用於嬰兒衣服與內衣等。
※彈性針織布…具有拉伸性的高彈性針織布料。
※補強用彈性織帶…用於縫製針織布料時所使用的具有拉伸性的補強用彈性織帶。
※表布請使用雙面針織布料、鬆餅布、彈性針織布等具有高彈力的拉伸性針織布料。天竺棉與接結針織布等拉伸性較差的布料比較不適合，請避免使用。
※如果沒有補強用彈性織帶，也可以將寬12mm的止伸襯布條（半斜紋型）黏著於縫份上，來替代使用（止伸襯布條的長…12mm）。

【縫製重點】
脇邊沒有車縫側面的接縫線，可以更簡單完成。為了使股上不要過份拉伸，請將補強用彈性織帶一起車縫於股上。為了使下襬不要太寬，請將縮口布的接片對摺接縫（以接縫的方式完成）。
※為了防止斷線，建議使用雙針拷克機進行縫製。以家用縫紉機縫製針織布的重點，請參考p.48。

【共同縫製順序】
❶縫合前後股上（將補強用彈性織帶一起縫入）。
❷從下襬車縫開始至另一邊下襬，車縫股下部分。※將股上的縫份部分前、後互相錯開倒向相反側，這樣會使布料的厚度均等並減少段差，車縫時將不會輕易錯位，成品會更漂亮。
❸製作下襬縮口布。
❹將下襬縮口布車縫於下襬。
❺縫合腰圍，穿過鬆緊帶（鬆緊帶注意不要扭轉）。
❻製作蝴蝶結（請參考p.86 的❼）、將其縫合於正面的前中心，請避免車到鬆緊帶，即完成。

尺寸	90	100	110	120	130	140
腰圍	46	50	54	59	64	69
股上(CF)	18.1	19.1	20.1	21.1	22.1	23.1
23股下 ※包含接片	23.5	25.5	27.5	29.5	31.5	33.5
24股下 ※包含接片	32.9	38.9	44.9	50.9	55.9	60.9

裁布圖

※將紙型放置於布料的表面，並進行裁剪。
※除指定處之外，其他縫份皆為1cm。
※尺寸從上至下為90／100／110／120／130／140 尺寸。

〈23・24表布〉

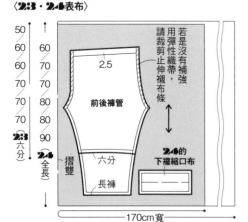

〈23別布〉

❶縫合股上

❷縫合股下

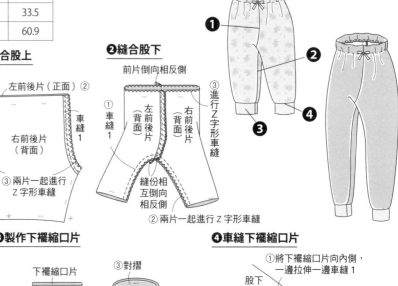

❸製作下襬縮口片

❺處理腰圍

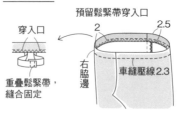

❹車縫下襬縮口片

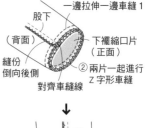

縫製順序

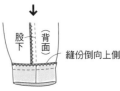

26 no.26 輕便手提包

p.33／原寸紙型 F 面

【材料】
表布（紫色亞麻布）40cm 寬…50cm
配布（印花圖案）50cm 寬…30cm
裡布（淺紫色亞麻）30cm 寬…40cm

【縫製重點】
以不需要處理縫份的全內裡方式縫製，更堅固耐用。底部的側面利用脇邊的
車縫線，以更簡便的方法作出側面脇邊。為了方便洗滌後，可以快速乾燥，以
中間不固定起來的方式縫製（只有預防裡袋露出，固定底部）。

【縫製順序】
參考插圖。

【完成尺寸】
15（長）× 17.5（寬）× 6（側面）cm

縫製順序

裁布圖

※將紙型放置於布料的表面，並進行裁剪。
※縫份全數為1cm。

〈表布〉

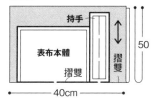

❶製作內口袋，縫合固定於裡布本體

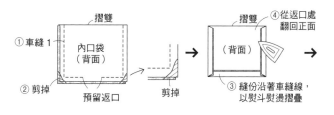

〈配布〉

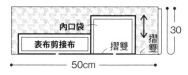

❷製作裡布本體

❸將表布剪接布縫合於表布本體，並車縫脇邊

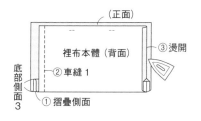

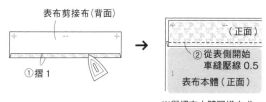

※與裡布本體同樣方式，
摺疊側面車縫脇邊

〈裡布〉

❺將持手夾於表布、裡布本體的口袋，進行車縫

❹製作持手

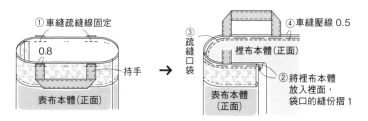

no.25 七分袖荷葉邊連身裙

p.32／原寸紙型 A 面

【材料】（※尺寸從左至右為 90／100／110／120／130／140 尺寸）
表布（印花圖案）110cm 寬…120／130／140／150／160／170cm
黏著襯（用於前口袋口的縫份・口袋口的襯布）20 × 10cm
直徑 12mm 的鈕釦…1 個
寬 15mm 蕾絲飾邊…90～120 為 30cm、130・140 為 35cm

尺寸	90	100	110	120	130	140
胸圍	65.3	69.3	73.3	77.3	81.3	85.3
衣長	50.8	55.8	60.8	65.8	70.8	75.8
袖長	25.3	28.3	31.3	34.3	37.3	40.3

【縫製重點】
為了使荷葉邊領子從裡側看起來也很漂亮，以包邊縫、三捲邊車縫的方式進行處理。與身片一起縫合時，為了使布料的厚度不會顯現出來，請注意肩線縫份的傾倒方向。

【縫製順序】
※ ❶～❺、⓫、⓬ 請參考如何製作亞麻荷葉邊連身裙（p.44 至 p.47 的教學頁面課程）。
　身片的脇邊與袖子的袖下，不使用包邊縫的方式，而是以車縫之後再拷克布邊的方式處理。
❶製作口袋，並縫合於前身片。摺疊口袋的褶子，將蕾絲飾邊夾於其中車縫壓線。※由於口袋的開口會經常受力，如果布料太薄，請在口袋口的裡側貼上黏著襯，再與襯布一起車縫。（請參考p.96 的❷）。
❷身片的肩線以包邊縫的方式處理。

❸製作荷葉邊領子。
❹製作前領開口的鈕釦布環（請參考p.55）。
❺將布環夾入，並將荷葉邊領子縫合至身片上。
❻縫合身片的脇邊，兩片一起進行Z字形車縫。縫份倒向後側（請參考p.96的❺）。
❼將袖子正面相對縫合袖下，兩片一起進行Z字形車縫。
❽製作袖口荷葉邊。荷葉邊的袖下以包邊縫的方式處理，荷葉邊的邊端以三捲邊車縫的方式處理。（請參考p.81的❹）
❾將袖口荷葉邊縫合於袖子。
❿將袖子縫合於身片，兩片一起進行Z字形車縫。
⓫下襬進行三摺邊車縫。
⓬荷葉邊領子的前中心進行落針縫後，縫上鈕釦，即完成。

縫製順序

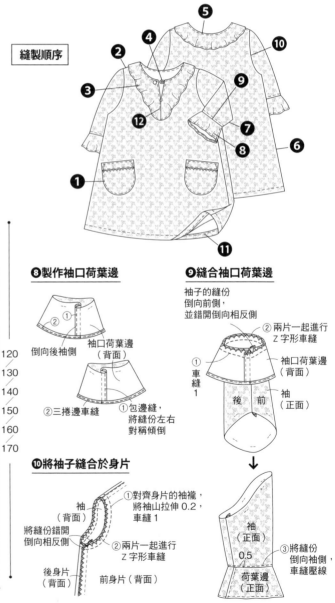

裁布圖

※將紙型放置於布料的表面，並進行裁剪。
※除指定處之外，其他縫份皆為1cm。
※尺寸從上至下為90／100／110／120／130／140尺寸。
※圖示紅色點點的部分為貼襯部分（請參考p.51）。

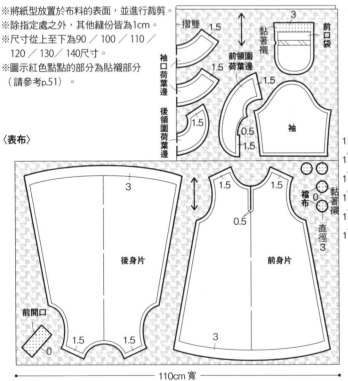

no.27 襯衫式連身裙

p.34／原寸紙型 C 面

【材料】（※ 尺寸從左至右為 90／100／110／120／130／140 尺寸）
表布（人字紋布料方格圖案布）110cm 寬…130／140／150／160／170
／180cm
配布（紫色亞麻布料）120cm 寬…130／130／140／140／150／150cm
黏著襯（用於門襟，口袋口滾邊布條，腰帶穿入口，口袋口襯布）40cm 寬…
60／60／70／70／80／80cm
直徑 15mm 鈕釦…6 個
寬 5mm 鬆緊帶…14／14／15／15／16／16cm 2 條
※ 人字紋布料：一種斜紋與斜紋交替編織呈現直條狀的布料。

尺寸	90	100	110	120	130	140
胸圍	69.7	73.7	77.7	81.7	85.7	89.7
衣長	51.4	56.4	61.4	66.4	71.4	76.4
袖長	30.5	34.5	38.5	42.5	46.5	50.5

【縫製重點】
袖口設計為易於製作、容易穿脫的鬆緊帶式樣。門襟的下襬部分，很容易多
出布料的厚度，因此將門襟摺疊一次縫合，剪掉多餘的縫份後，翻回正面即
可消除多餘的厚度。荷葉邊的布邊處理，使用縫紉機的捲邊壓布腳附件，可
以更容易地完成三捲邊車縫。車縫時，為了均等分配荷葉邊等的縐褶，請搭
配錐子細心地完成縫製。

【縫製順序】
❶製作口袋。
❷將口袋縫合固定於前身片。　※由於口袋的開口會經常受力，如果布料太
　薄，請在口袋口的裡側貼上黏著襯，再與襯布一起車縫。
❸製作後身片的細褶，並與後剪接縫合固定。
❹製作腰帶穿入環。
❺縫合身片的肩線與脇邊，下襬進行三摺邊車縫。
❻將門襟縫合於前身片。
❼將完成三捲邊車縫的荷葉邊作出縐褶，夾於身片與門襟之間車縫。
　※布料疊了好幾層會變得很厚，請以疏縫線固定，才會車縫得更漂亮。
❽領圍以滾邊處理。
❾縫合袖下，製作細褶於袖山處後，縫合於身片。　※請將身片的脇邊與袖
　子的袖下縫份，互相錯開倒向相反側，這樣會使布料的厚度均等並減少段
　差，車縫時將不會輕易錯位，成品會更漂亮。
❿將鬆緊帶穿入袖口。
⓫製作釦眼，縫合鈕釦。
⓬製作腰帶，即完成。

〈表布〉

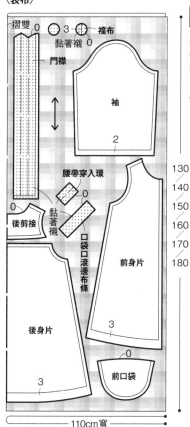

裁布圖

※將紙型放置於布料的表面，並進行裁剪。
※除指定處之外，其他縫份皆為1cm。
※尺寸從上至下為90／100／110／120／
　130／140尺寸。
※圖示紅色點點的部分為貼襯部分（請參考p.51）。

※若不使用配布，也可以全部
　使用本布製作（使用本布時，
　表布用量請多加20cm）。

〈配布〉

縫製順序

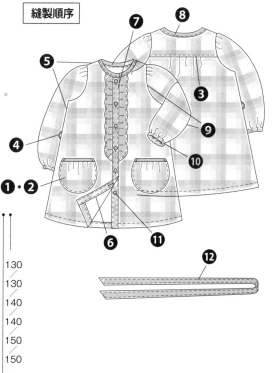

❶製作口袋

①製作細褶的粗針目縫線
（0.4／1針）

0.4　0.6

細褶止點

前口袋（正面）

口袋口滾邊布條
（背面）

②貼合黏著襯，
車縫 1

③配合紙型的形狀，
製作細褶對齊

④車縫 1

（背面）

滾邊布條

（正面）

⑤車縫於縫線的落針縫

1.3

（正面）

※落針縫……將車針落在
「接縫的分界線」之間
進行車縫的縫製方法。

❷將口袋縫合固定

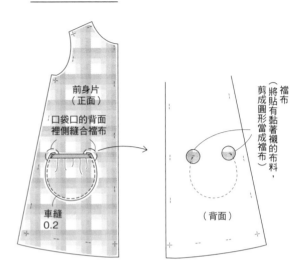

前身片
（正面）

口袋口的背面
裡側縫合襯布

車縫
0.2

襯布
（將貼有黏著襯的布料，
剪成圓形當成襯布）

（背面）

❸後身片與後剪接縫合固定

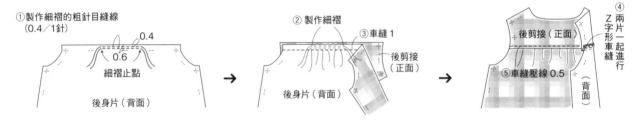

①製作細褶的粗針目縫線
（0.4／1針）

0.4

0.6

細褶止點

後身片（背面）

②製作細褶

③車縫 1

後剪接
（正面）

後身片（背面）

④Z字形車縫兩片一起進行

後剪接（正面）

⑤車縫壓線 0.5

（背面）

❹製作腰帶穿入環

腰帶穿入環
（背面）

②靠近縫線，
剪掉多餘縫份

①車縫 0.3

摺雙

布環的製作方法，
請參考p.55

↓

翻回正面

↓

※將細長的布環
翻回正面時，
使用返裡針
（請參考 p.47）
會更方便

1.5

以熨斗
整燙形狀

❺縫合身片的肩線與脇邊、下襬

後剪接（正面）

②車縫 1

①固定線

腰帶穿入環

①於縫份車縫固定線

前身片（正面）

③Z字形車縫兩片一起進行（縫份倒向後側）

1.5

1.3

④下襬三摺邊，
車縫壓線 1.3

❻將門襟縫合於前身片

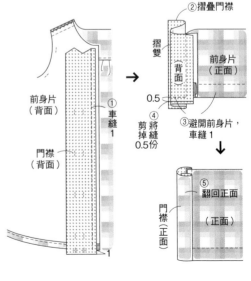

前身片
（背面）

門襟
（背面）

①車縫 1

②摺疊門襟

摺雙

背面

前身片
（正面）

0.5

③避開前身片，
車縫 1

④剪掉縫份
0.5份

↓

⑤翻回正面

門襟
（正面）

（正面）

❼將荷葉邊夾於門襟車縫固定

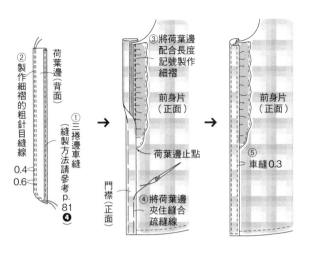

② 製作細褶（背面）
荷葉邊（背面）
製作細褶的粗針目縫線
0.4
0.6
① 三捲邊車縫（縫製方法請參考 p.81 ❹）
門襟（正面）

③ 將荷葉邊配合長度記號製作細褶
前身片（正面）
荷葉邊止點
④ 將荷葉邊夾住縫合疏縫線

前身片（正面）
⑤ 車縫0.3

❽領口以滾邊處理

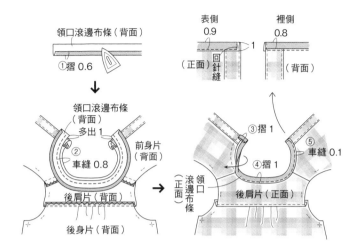

領口滾邊布條（背面）
① 摺0.6

領口滾邊布條（背面）多出1
② 車縫0.8
前身片（背面）
後肩片（背面）
後身片（背面）

表側 0.9　　裡側 0.8
（正面）回針縫　1　（背面）

③ 摺1
④ 摺1
⑤ 車縫0.1
領口滾邊布條
後肩片（正面）

❾製作袖子，縫合於身片

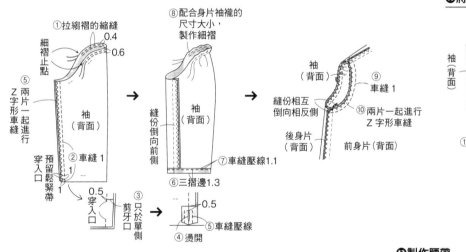

① 拉縐褶的縮縫 0.4　0.6
細褶止點
⑤ 兩片一起進行 Z字形車縫
袖（背面）
② 車縫1
預留鬆緊帶穿入口
0.5
③ 穿入口
④ 剪牙口 只於單側
⑤ 車縫壓線

縫份倒向前側
袖（背面）
⑥ 三摺邊1.3
⑦ 車縫壓線1.1

⑧ 配合身片袖襱的尺寸大小，製作細褶
袖（背面）
⑨ 車縫1
縫份相互倒向相反側
⑩ 兩片一起進行 Z字形車縫
後身片（背面）
前身片（背面）

❿將鬆緊帶穿入袖口

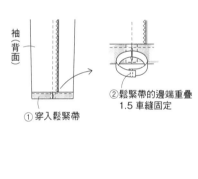

袖（背面）
① 穿入鬆緊帶
② 鬆緊帶的邊端重疊1.5 車縫固定

⓫製作釦眼，縫合鈕釦

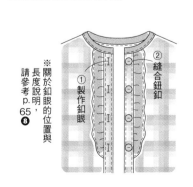

① 製作釦眼
② 縫合鈕釦
※關於釦眼的位置與長度說明，請參考 p.65 ❽

＜縫合鈕釦的方法＞
線腳
挑針於布料上，重複穿過鈕釦洞2至3次，預留線腳。
將縫線纏繞於線腳，再將針穿入縫線繞的圈內拉緊，於裡側打一個止縫結後剪掉縫線。

⓬製作腰帶

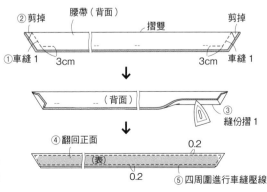

② 剪掉
腰帶（背面）
摺雙
剪掉
① 車縫1　3cm　　3cm　車縫1

（背面）
③ 縫份摺1

④ 翻回正面
（表）
0.2
0.2
⑤ 四周圍進行車縫壓線

no.28 拉鍊式連帽外套

p.34／原寸紙型 E 面

【材料】（※尺寸從左至右為 90／100／110／120／130／140 尺寸）
表布（藍色圓點接結針織棉布）140cm 寬…70／70／80／80／90／90cm
配布（藍色彈性羅紋針織棉布）90cm 寬…40cm
寬 20mm 止伸襯布條（半斜紋型，前端・口袋口）…120cm
5號塑鋼夾克拉鍊或塑料開放式拉鍊（尺寸從上止點量至下止點）…33／36／39／42／45／48cm 1 條
寬 10mm 人字帶（用於領口）…40cm
※接結棉布：重疊兩層針織棉的針織布料。
※彈性羅紋針織布……具有拉伸性的高彈性針織布料。

尺寸	90	100	110	120	130	140
胸圍	63.8	67.8	71.8	75.8	79.8	83.8
衣長	30.9	33.9	36.9	39.9	42.9	45.9
半邊總袖長 (從 SNP 開始量)	37	42	47	52	57	62

【縫製重點】
利用脇邊縫合線，開一個簡單的口袋。身片、貼邊與下襬羅紋布部分是以分開縫份的方法來縫製的，因此布料的厚度不易露出。
※縫合針織布料時，更換「針織布專用車針」與「針織布專用彈性線」進行車縫，可以更安心的縫製針織布料。
有關於用家用縫紉機車縫針織布料的重點，請參考p.48。

【縫製順序】
❶將前後身片與袖子縫合（請參考 p.100 的❷）。
❷袖下車縫至脇邊，並製作口袋。
※ 將落肩袖車縫線的縫份，前後相互錯開倒向相反側，這樣會使布料的厚度均等並減少段差，車縫時將不會輕易錯位，成品會更漂亮。

裁布圖

※將紙型放置於布料的表面，並進行裁剪。
※除指定處之外，其他縫份皆為1cm。
※尺寸從上至下為90／100／110／120／130／140 尺寸。
※斜線部分為貼合止伸襯布條（請參考p.51）。

〈表布〉

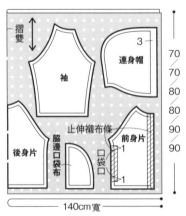

〈配布〉

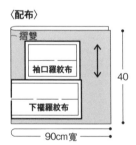

❸只縫合前身片與下襬羅紋布的前中心側（請參考p.101的❹）。先不剪開下襬布的牙口。
❹更換縫紉機的拉鍊壓布腳，於前身片車縫拉鍊。
❺車縫下襬羅紋布的前端，翻回正面車縫壓線前端部分。
❻縫合身片與下襬羅紋布。
❼製作連身帽（請參考p.101的❺）。
❽將連身帽縫合固定於身片。
❾製作袖口接片，縫合固定於袖子上完成（請參考p.101的❾），以熨斗熨燙開縫份，以減小布料厚度。

縫製順序

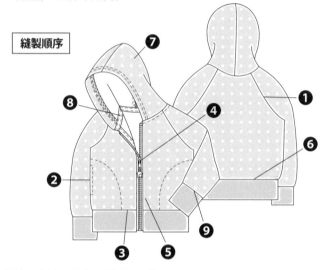

❷袖下車縫至脇邊，並製作口袋

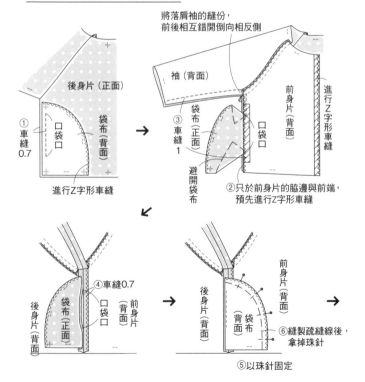

❹於前身片車縫拉鍊

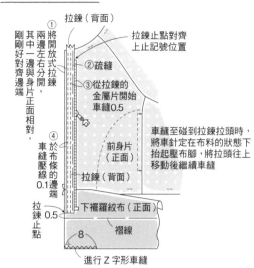

①將開放式拉鍊兩邊左右分開，其中一邊與身片正面相對，剛剛好對齊邊端

拉鍊（背面）

②疏縫

③從拉鍊的金屬片開始車縫0.5

拉鍊止點對齊上止記號位置

車縫至碰到拉鍊拉頭時，將車針定在布料的狀態下抬起壓布腳，將拉頭往上移動後繼續車縫

④車縫壓條的邊端
於布條壓線的0.1

前身片（正面）

拉鍊（背面）

拉鍊0.5

下襬羅紋布（正面）

拉鍊止點

8

褶線

進行Z字形車縫

⑧兩片一起進行Z字形車縫

前身片（背面）

袋布（背面）

前身片（正面）

⑦於口袋口的上下車縫回針縫

前身片（背面）

後身片（背面）

口袋布（背面）

⑨從裡側開始車縫口袋布壓線0.5

❺車縫下襬接片的前端，車縫壓線

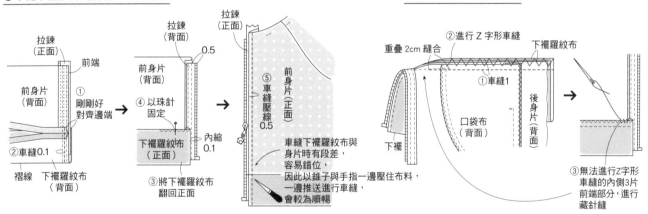

拉鍊（正面）

前端

前身片（背面）

①剛剛好對齊邊端

②車縫0.1

褶線　下襬羅紋布（背面）

拉鍊（背面）

0.5

前身片（背面）

④以珠針固定

下襬羅紋布（正面）

③將下襬羅紋布翻回正面

內縮0.1

拉鍊（正面）

前身片（正面）

⑤車縫壓線0.5

車縫下襬羅紋布與身片時有段差，容易錯位，因此以錐子與手指一邊壓住布料，一邊推送進行車縫，會較為順暢

❻縫合身片與下襬羅紋布

重疊2cm縫合

②進行Z字形車縫

下襬羅紋布

①車縫1

口袋布（背面）

後身片（背面）

下襬

③無法進行Z字形車縫的內側3片前端部分，進行藏針縫

❽將連身帽縫合固定於身片

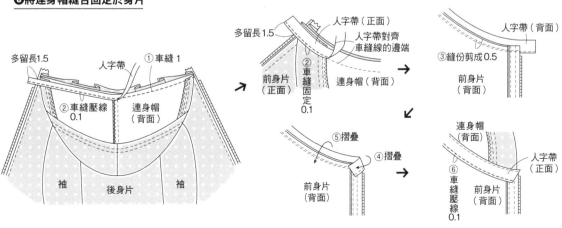

多留長1.5

人字帶

①車縫1

②車縫壓線0.1

連身帽（背面）

袖

後身片

袖

多留長1.5

人字帶（正面）

人字帶對齊車縫線的邊端

②車縫固定0.1

前身片（正面）

連身帽（背面）

③縫份剪成0.5

人字帶（背面）

前身片（背面）

⑤摺疊

④摺疊

前身片（背面）

連身帽（背面）

人字帶（正面）

⑥車縫壓線0.1

前身片（背面）

no.29 鈕釦式連帽外套

p.36／原寸紙型 E 面

【材料】（※尺寸從左至右為 90／100／110／120／130／140 尺寸）
表布（小花圖案緯編針織布）180cm 寬…70／70／80／80／90／90cm
配布（原色拉架燈芯 Lycra 2X2 Rib）90cm 寬…40cm
黏著襯（前身片與下襬羅紋布的鈕釦位置，前貼邊）50cm 寬…40／40／
50／50／50／50cm
直徑 13mm 的彈簧鉤四合釦…5 組
※緯編針織布…背面有線圈環狀的針織布料，較低彈性，因此即使使用家用
縫紉機也相對容易車縫。
※拉架燈芯 Lycra 2X2 Rib…這是一種高度可拉伸的鬆緊針織布料，通常當成
袖口與下襬的羅紋布使用。

尺寸	90	100	110	120	130	140
胸圍	63.8	67.8	71.8	75.8	79.8	83.8
衣長	30.9	33.9	36.9	39.9	42.9	45.9
半邊總袖長 (從 SNP 開始量)	37	42	47	52	57	62

【縫製重點】
一體式連身帽，洗滌後可以快速乾燥。身片、貼邊與下襬羅紋布的前端縫合
部分，是以分開縫份的方法來縫製的，因此，布料的厚度不易露出。
※縫製針織布料時，請務必使用「針織布專用車針」與「針織布專用彈性線」
進行車縫。有關使用家用縫紉機縫製的重點，請參考p.48。

【縫製順序】
❶製作口袋，縫合於前身片。
❷將前後身片與袖子縫合。
❸袖下車縫至脇邊。　※將落肩袖車縫線的縫份，前後相互錯開倒向相反側，
　這樣會使布料的厚度均等並減少段差，車縫時將不會輕易錯位，成品會更
　漂亮。

❹只縫合前身片、前貼邊與下襬羅紋布的前中心側。
❺製作連身帽。
❻將連身帽縫合固定於身片。
❼縫合身片與下襬羅紋布。
❽將貼邊翻回正面，前端進行車縫壓線。
❾製作袖口羅紋布，縫合固定於袖子上。以熨斗熨燙開縫份，以減小布料厚
　度。
❿於前中心裝上彈簧鉤四合釦，即完成。

縫製順序

【裁布圖】
※將紙型放置於布料的表面，並進行裁剪。
※除指定處之外，其他縫份皆為1cm。
※尺寸從上至下為90／100／110／120／130／140 尺寸。
※圖示紅色點點的部分為貼襯部分（請參考p.51）。

〈表布〉

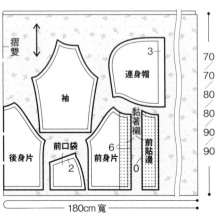

〈配布〉

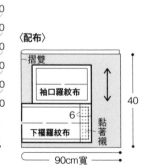

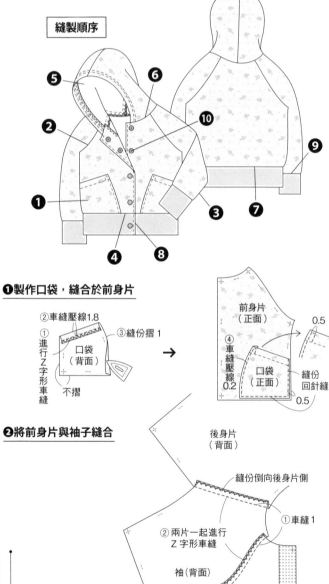

❶製作口袋，縫合於前身片

❷將前身片與袖子縫合

❸縫合袖下與脇邊　　　　　　　　❹縫合前身片、前貼邊與下襬羅紋布

❺製作連身帽　　　　　❻將連身帽縫合固定於身片　　　　　❼縫合身片與下襬羅紋布

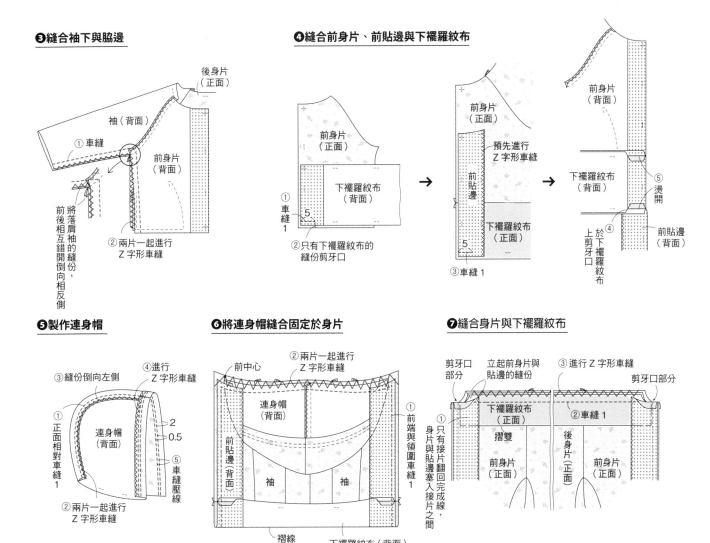

❸縫合袖下與脇邊
- 後身片（正面）
- 袖（背面）
- ① 車縫
- 前身片（背面）
- ② 兩片一起進行Z字形車縫
- 將落肩袖的縫份，前後相互錯開倒向相反側

❹縫合前身片、前貼邊與下襬羅紋布
- 前身片（正面）
- 下襬羅紋布（背面）
- ① 車縫 5
- ② 只有下襬羅紋布的縫份剪牙口
- 前身片（正面）
- 前貼邊
- 預先進行Z字形車縫
- 下襬羅紋布（正面）
- 5
- ③ 車縫1
- 前身片（背面）
- 下襬羅紋布（背面）
- ⑤ 燙開
- 於下襬羅紋布上剪牙口
- 前貼邊（背面）

❺製作連身帽
- ③ 縫份倒向左側
- ④ 進行Z字形車縫
- 連身帽（背面）
- ① 正面相對車縫1
- 2
- 0.5
- ⑤ 車縫壓線
- ② 兩片一起進行Z字形車縫

❻將連身帽縫合固定於身片
- ② 兩片一起進行Z字形車縫
- 前中心
- 連身帽（背面）
- 前貼邊（背面）
- 袖　袖
- ① 前端與領圍車縫1
- 褶線
- 下襬羅紋布（背面）

❼縫合身片與下襬羅紋布
- 剪牙口部分
- ① 立起前身片與貼邊的縫份
- ③ 進行Z字形車縫
- 剪牙口部分
- 下襬羅紋布（正面）
- ② 車縫1
- 摺雙
- 前身片（正面）
- 後身片（正面）
- 前身片（正面）
- ① 只有接片翻回完成線，身片與貼邊塞入接片之間

❽前端進行車縫壓線

❾製作袖口羅紋布，縫合固定

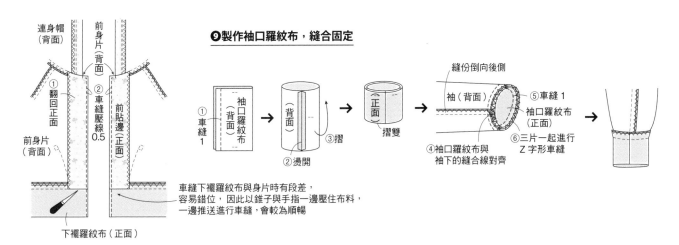

❽前端進行車縫壓線
- 連身帽（背面）
- 前身片（背面）
- ① 翻回正面
- ② 車縫壓線 0.5
- 前貼邊（正面）
- 前身片（背面）
- 下襬羅紋布（正面）
- 車縫下襬羅紋布與身片時有段差，容易錯位，因此以錐子與手指一邊壓住布料，一邊推送進行車縫，會較為順暢

❾製作袖口羅紋布，縫合固定
- ① 車縫1
- 袖口羅紋布（背面）
- ② 燙開
- ③ 摺
- 背面
- 正面
- 摺雙
- 縫份倒向後側
- 袖（背面）
- ⑤ 車縫1
- 袖口羅紋布（正面）
- ④ 袖口羅紋布與袖下的縫合線對齊
- ⑥ 三片一起進行Z字形車縫

31 no.31 合身短裙

p.36 ／原寸紙型 D 面

【材料】（※尺寸從左至右為 90 ／ 100 ／ 110 ／ 120 ／ 130 ／ 140 尺寸）
表布（米白色亞麻布料）110cm 寬…70 ／ 70 ／ 80 ／ 80 ／ 90 ／ 90cm
直徑 20mm 鈕釦…1 個
寬 15mm 鬆緊帶（柔軟型）…42.5 ／ 44 ／ 46 ／ 48 ／ 50 ／ 52cm

尺寸	90	100	110	120	130	140
腰圍	59.8	63.8	67.8	71.8	75.8	79.8
裙長（CB）	25.2	28.2	31.2	34.2	37.2	40.2

【縫製重點】
口袋是用縫紉機直接接縫的簡單樣式。看起來非常專業的前開部分為假前開
設計，因此很簡單、易於製作完成。腰圍部分直接連接到裙身本體，可以在短
時間內完成。

【縫製順序】
❶將口袋縫合於前裙片。
❷將口袋縫合於後裙片。
❸縫合後裙片的剪接片。
❹縫合後裙片的中心。
❺縫合前中心，製作假前開。
❻縫合前後裙片的脅邊。左脅邊預留鬆緊帶穿入口。
❼腰圍三摺後，進行車縫壓線，並穿入鬆緊帶。
※請注意不要扭轉到鬆緊帶。
❽下襬三摺邊車縫。
❾將裝飾鈕釦縫合於正面的前腰圍中心，請避免車到鬆緊帶，即完成。

縫製順序

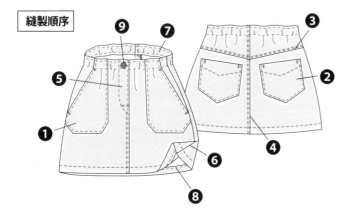

裁布圖

※將紙型放置於布料的表面，並進行裁剪。
※除指定處之外，其他縫份皆為1cm。
※尺寸從上至下為90 ／ 100 ／ 110 ／ 120 ／ 130／ 140 尺寸。

〈表布〉

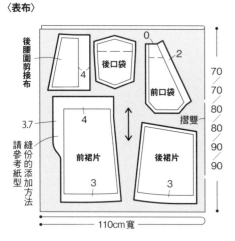

❶將口袋縫合於前裙片

❷將口袋縫合於後裙片

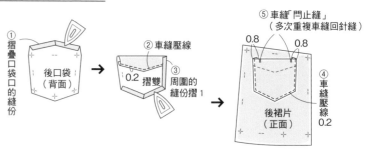

❸縫合後裙片的剪接片

① 車縫 1
② 兩片一起進行 Z 字形車縫

後腰圍剪接布（背面）

後裙片（正面）

→

後腰圍剪接布（正面）

③ 車縫雙壓線
0.4
0.2
縫份倒向剪接側

④ 脇邊進行 Z 字形車縫

❹縫合後裙片的中心

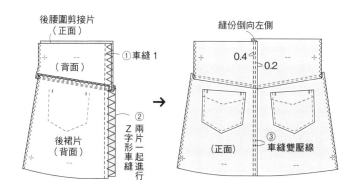

後腰圍剪接片（正面）

① 車縫 1

② 兩片一起進行 Z 字形車縫

後裙片（背面）

→

縫份倒向左側

0.4　0.2

（正面）

③ 車縫雙壓線

❺縫合前中心，製作假前開

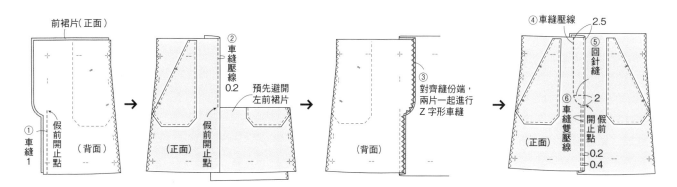

前裙片（正面）

① 車縫 1
假前開止點
（背面）

→

② 車縫壓線 0.2
預先避開左前裙片
假前開止點
（正面）

→

③ 對齊縫份端，兩片一起進行 Z 字形車縫
（背面）

→

④ 車縫壓線　2.5
⑤ 回針縫
⑥ 車縫雙壓線　2　假前開止點
（正面）
0.2
0.4

❻縫合前後裙片的脇邊

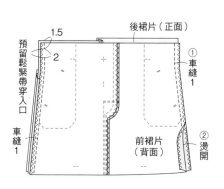

1.5
2
預留鬆緊帶穿入口
車縫 1

後裙片（正面）

① 車縫 1
前裙片（背面）
② 燙開

處理❼至❾的腰圍、下襬

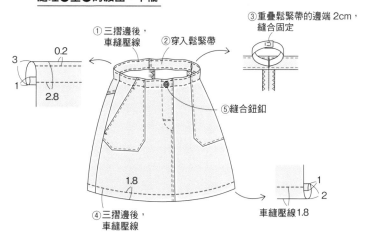

① 三摺邊後，車縫壓線
② 穿入鬆緊帶
③ 重疊鬆緊帶的邊端 2cm，縫合固定

3
0.2
1
2.8

⑤ 縫合鈕釦

④ 三摺邊後，車縫壓線
1.8

車縫壓線 1.8
1
2

Sewing 縫紉家 42

小女兒的設計師訂製服

媽媽親手作的34款可愛女孩兒全身穿搭

作　　者／片貝夕起
譯　　者／駱美湘
發 行 人／詹慶和
執行編輯／劉蕙寧
編　　輯／蔡毓玲・黃璟安・陳姿伶
執行美編／陳麗娜
美術編輯／周盈汝・韓欣恬
內頁排版／陳麗娜
出 版 者／雅書堂文化事業有限公司
發 行 者／雅書堂文化事業有限公司
郵撥帳號／18225950　戶名：雅書堂文化事業有限公司
地　　址／新北市板橋區板新路206號3樓
電　　話／(02)8952-4078
傳　　真／(02)8952-4084
網　　址／www.elegantbooks.com.tw
電子郵件／elegant.books@msa.hinet.net

2021年08月初版一刷　定價 520 元

MAINICHI KIRU ONNANOKO FUKU ZOHO KAITEIBAN (NV80614)
Copyright © Yuki Katagai / NIHON VOGUE-SHA 2019
All rights reserved.
Photographer: Yukari Shirai
Original Japanese edition published in Japan by NIHON VOGUE Corp.
Traditional Chinese translation rights arranged with NIHON VOGUE Corp.
through Keio Cultural Enterprise Co., Ltd.
Traditional Chinese edition copyright © 2021 by Elegant Books Cultural Enterprise
Co., Ltd.

經銷／易可數位行銷股份有限公司
地址／新北市新店區寶橋路235巷6弄3號5樓
電話／(02)8911-0825
傳真／(02)8911-0801

國家圖書館出版品預行編目(CIP)資料

小女兒的設計師訂製服：媽媽親手作的34款可愛女孩兒
全身穿搭/片貝夕起著；駱美湘譯.
- 初版. - 新北市：雅書堂文化事業有限公司, 2021.08
　面；　公分. -(Sewing縫紉家；42)
ISBN 978-986-302-595-5(平裝)

1.縫紉 2.衣飾 3.手工藝

426.3　　　　　　　　　　　　　　110011963

片貝夕起 Yuuki Katagai

出生於1972年，住在神奈川縣湘南市。目前經營販賣紙型的網路商
店Pattern Label。畢業於文化服裝學院專攻科，並獲得優秀項畢業。
在服裝公司擔任打版師與設計師之後，於2005年一邊育兒一邊開設
販賣原創紙型的網路商店，專門銷售女裝與童裝的紙型。不僅樣式設
計與線條都非常可愛，還特別強調容易製作，因此有很高的評價，並
擁有許多粉絲。她的著作包括《最容易理解的Pattern Label童裝縫製
LESSON BOOK》與《Pattern Label的童裝縫製STYLE BOOK》（日本
ヴォーグ社出版）。

紙型網路商店
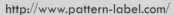
http://www.pattern-label.com/

〈素材提供〉
※使用素材有可能已銷售完畢，敬請見諒。
CHECK&STRIPE　http://checkandstripe.com/
清原株式会社　https://www.kiyohara.co.jp/store
slow boat　https://slowboat.info/
中商事（fabric bird）　https://www.rakuten.ne.jp/gold/fabricbird/
株式会社メルシー　https://www.merci-fabric.co.jp/
株式会社リバティジャパン　https://www.liberty-japan.co.jp/

〈攝影協力〉
AWABEES　東京都渋谷区千駄ヶ谷3-50-11-5F

Staff
藝術指導　　　　成澤 豪（なかよし図工室）
設計　　　　　　成澤宏美（なかよし図工室）
攝影　　　　　　白井由香里
造型　　　　　　前田かおり
髮型&化妝　　　オオイケユキ
模特兒　　　　　Nona Ivanov（身高102cm・穿着100 尺寸）
　　　　　　　　Clara Rose（身高109cm・穿着110 尺寸）
作法解說　　　　比護寬子
作法製圖　　　　八文字則子、小崎珠美
紙型縮放　　　　エフェメール
紙型版面設計　　八文字則子
編輯協力　　　　吉田晶子
編輯　　　　　　佐伯瑞代